계산하는 생명

계산하는 생명

지은이	모리타 마사오
옮긴이	박동섭

1판 1쇄 발행   2022년 6월 20일

펴낸곳	두번째테제
펴낸이	장원
등록	2017년 3월 2일 제2017-000034호
주소	(13290) 경기도 성남시 수정구 수정북로 92, 태평동락커뮤니티 301호
전화	031-754-8804
팩스	0303-3441-7392
전자우편	secondthesis@gmail.com
페이스북	facebook.com/thesis2
블로그	blog.naver.com/secondthesis

ISBN   979-11-90186-23-0 03410

모리타 마사오 지음

계산하는 생명

박 동 섭 옮 김

늘품

한국 독자들에게

2018년 겨울, 저의 첫 저서인 《수학하는 신체》 한국어판을 정성스럽게 읽어 주신 《수학하는 신체》 독서 회원들로부터 초대를 받아 태어나서 처음으로 한국을 방문하였습니다. 그 방문 이후, 이 한 권의 책을 계기로 '수학이란 무엇인가?'와 같은 물음을 진지하게 나눌 수 있는 많은 친구들과 만날 수 있었습니다.

한국 각지를 돌면서 맛있는 밥을 먹고 술잔을 기울이면서, 언어의 벽을 넘어 수학에 관해 이야기를 나누는 시간은 정말로 꿈 같은 시간이었습니다.

《수학하는 신체》를 집필하고 있을 당시에, 저는 한국 땅을 밟은 적이 없었습니다. 그러나 이 책 《계산하는 생명》을 한창 집필 중일 때는 여러 차례 한국을 방문해서 제 안에서 막 움트려고 하는 사고를 여러분과 생생하게 나눌 수 있었습니다.

'수학 연주회'에서 한국 여러분들이 보여주신 진지한 눈빛과 연주회가 끝난 후의 뜨거운 질문과 논의로부터 얻은 자각은 이 책을 완성해내는 과정에서 저에게 큰 힘을 안겨 주었습니다. 한국 각지에서 배우는 기쁨과 흥분을 나눌 수 있었던 여러분의 표정이 지금도 눈앞에 선명하게 떠오릅니다.

새삼 묻는 것, 사고하는 것 그리고 그 과정을 나누는 것의 기쁨을 몇 번이나 저에게 일깨워 준 여러분과의 만남에 진심으로 감사하고 있습니다.

코로나19 감염 확대 이래, 수학 '토크 라이브'를 여는 것이 어려워졌습니다. 평상시라고 하면 《계산하는 생명》 한국어판 간행에 맞추어 곧바로 한국을 방문하고 싶은 마음이 들었을 겁니다. 그러나 일단은 《수학하는 신체》 간행으로부터 5년, 제가 성심을 기울여 쓴 이 책을 한국의 독자 여러분에게 보내고자 합니다.

이 책은 《수학하는 신체》와 《수학의 선물》에 이어 독립연구자 박동섭 선생님이 번역을 맡아 주셨습니다. 박 선생님과는 이 책 집필 도중 여러 번 일본과 한국에서 만나 때로는 '수학 연주회'의 통역으로서 때로는 같은 인간의 가능성을 추구하는 독립연구자로서 서로의 사고를 교환하였습니다. 텍스트만으로는 표현할 수 없는 저 자신의 사고와 망설임에 관해서도 박 선생님께서 자신의 신체를 통해 깊게 이해해 주고 계신다고 생각합니다.

박 선생님의 번역을 통해서 탄생한 《계산하는 생명》 한국어판에 일본어판 오리지널에는 없는 새로운 매력이 박 선생님 손에서 창조되었을 거로 생각합니다.

이 책의 주제는 '계산'입니다. 지금은 우리 생활 구석구석에 계산기가 침투해 있어서 계산기 없는 생활은 상상조차 할 수 없습니다. 예를 들면 날씨의 변화 등 이전 같으면 각자가 신체를 통해서 느끼고 있었던 일도 지금은 계산기가 대신해서 데이터를 처리하고 미래를 예측해 주게 되었습니다.

과거에는 우리 자신의 신체가 맡고 있었던 일을 점점 '계산'이 대신하게 되는 미래에서, 우리는 앞으로 어떻게 변화하고 새로운 존재로 바뀌어 가게 될까요?

이 책에 명확한 대답은 없습니다. 그러나 미래를 생각하기 위한 중요한 힌트가 수학의 역사 속에 잠들어 있다고 생각합니다. 이 책에서 가능한 한 꼼꼼히 '계산의 역사'를 풀어 보았습니다. 이 책의 독자가 무엇을 느끼고 앞으로 어떤 미래를 그려 나갈지, 저는 아주 많이 기대하고 있습니다.

꼭 이 책에 대한 감상을 들려주세요. 조만간 같은 냄비를 가운데 두고 한국 여러분과 또 수학에 관해 이야기를 나눌 수 있는 날이 오기를 진심으로 기대하고 있습니다.

2022년 2월 20일
모리타 마사오

들어가며

손가락으로 덧셈을 한다. 종이와 연필을 이용해 필산을 한다. 수식을 구사하면서 미적분을 한다. 혹은 컴퓨터를 사용해서 물리 현상을 시뮬레이션한다. 이러한 행위들은 모두 '계산'이라 불리는 절차의 예들이다. 필산과 물리 현상의 시뮬레이션이 손가락을 사용한 덧셈과는 꽤 다르게 보일지 모르겠지만 그 어떤 행위도 모두 '사전에 정해진 규칙에 따라서 기호를 조작한다'는 의미에서 똑같은 '계산'이다.

1939년 수학자 앨런 튜링Allan Turing은 '계산가능성'computability이라는 개념을 체현하는 가상적 기계로 '튜링 기계'를 고안하였다(튜링의 사상과 생애에 관해서는 이전 저서 《수학하는 신체》에 상세하게 묘사하였다). '계산 가능'이라는 하나의 개념하에 놀랄 정도로 다양한 절차를 정리할 수 있다는 통찰 자체가 이 시대의 큰 발견이었다. 실제로 계산이 머금고 있는 엄청난 가능성은 그 후 튜링 기계가 컴퓨터에 장착됨으로써 가능성에 그치지 않고 누구의 눈에도 명백한 현실이 되었다. 현대의 컴퓨터는 수와 수식의 조작뿐만 아니라 장기의 한 수를 생각하고, 데이터에 잠재해 있는 생각지도 못한 패턴을 발견하고, 나아가 불확실한 환경 아래서 로봇의 행위를 생성하는 것까지 가능하다.

미리 정해진 규칙으로 기호를 조작하기만 하는 기계가 어찌 된 영문인지 인간의 지능에 육박하고 때로는 그것을 압도한다. 지금은 이런 고도의 인공지능 기술이 우리 생활 곳곳에 침투하고 있다. 그런데 계산이 일상에 깊게 침투해서 우리가 그것에 의존하는 정도가 높아지면 높아질수록 역설적으로 계산은 투명화되고 우리의 의식에 떠오르지 않게 되었다. 필산을 하고 있을 때는 당연하게 느끼고 있던 계산을 하고 있다는 손맛을 예를 들면 스마트폰을 만지작거리고 있을 때는 거의 느끼지 못하게 되고 말았다.

　손가락을 구부려 셈을 하는 시대부터 지적으로 데이터를 처리하
는 기계가 편재하는 시대까지, 이 사이에는 어마어마한 거리가 있다.
그런데 이 거리는 인간이 '계산'이라는 행위에 생명을 계속 불어넣어
온 역사의 수맥과 계속 연결되어 있다.

　이 책에서는 이 역사를 새삼 다시 거슬러 올라가 보고자 한다. 그
렇게 하면서 결코 순수하고 투명하지만은 않은 계산이라는 행위의 손
맛을 조금씩 다시 맛보고자 한다.

　비록 우리가 가속하는 계산의 시대에 살고 있긴 하지만, 이런 작
업을 통해서 계산 속도를 애써 조금 늦추어 보는 것이다. 계산이 인간
과 함께 변화해 온 시간을 꼭 즐겨 보시길 바란다.

일러두기

1. 이 책은 2021년 4월 15일 일본 신조사에서 출간된
    《計算する生命》을 한국어로 완역한 것이다.

2. 책 제목과 잡지 제목은《 》로, 논문 및 신문, 장 제목은〈 〉로 묶었다.
    또 본문 속의「 」표시는 ' '로 표기하였다.
    일본어 본문에서 강조 표시된 문장은 볼드체로 처리하였다.
    일본어 서지사항 및 인명은 이해를 돕기 위해
    대체로 한국어로 번역하여 수록하였다.
    이외에 중요한 저작의 경우 한국어판 서지사항을 추가해 두었다.
    본문의 주석은 각주 처리하였고,
    옮긴이의 부연 설명은 [옮긴이]로 표기해서 각주에 추가했다.

3. 각주의 서지사항 및 인용 쪽수 표기는 원서상 표기를 따랐다.

4. 외국 인명, 지명은 국립국어원의 외래어표기법과 용례를 따랐다.
    다만 국내에서 이미 굳어진 인명과 지명의 경우
    통용되는 표기로 옮겼다.
    의미 전달을 위해 필요한 경우 원어나 한자를 병기했다.

제 1 장

'아는 것'과 '조작하는 것'

우리는 불가해한 방문이다.

-아라카와 슈사쿠(荒川修作) + 매들린 진스[1]

1   Madeline Gins and Arakawa, *Architectural Body*에서.
     필자 번역.

　지금 우리 집에는 다섯 살짜리와 한 살짜리 두 아들이 있다. 큰아이는 조금씩 수를 다룰 수 있게 되었는데, 둘째 아이는 아직 수를 모른다. 큰아이가 처음으로 '4'를 손으로 표시할 수 있게 된 날을 지금도 선명하게 기억하고 있다. 당시 레고에 빠져 있던 큰아이와 함께 새로운 레고 조각을 사러 나간 일이 있었다. 새롭게 사 온 세트 중에 검은 타이어 조각이 있어서 그것과 합치면 우리 집에 있는 레고의 타이어는 전부 네 개가 되었다.

　레고를 사서 돌아오는 길에 나는 "이것을 합치면 집에 있는 타이어는 전부 몇 개가 되니?" 하고 큰아이에게 물었다. 그러자 아이는 지그시 왼손을 보고 서서히 오른손 집게손가락으로 왼손 손가락 끝을 하나씩 만지면서 잠시 후 내 쪽을 올려다보고 "이거!!"라고 말하면서 오른손 엄지손가락만 깨끗이 접어 구부리고 남은 네 개의 손가락을 똑바로 펼쳐 보이는 것이었다.

　어찌 보면 별것 아닌 사소한 일인데 이 사건이 내 기억에 깊게 각인되었다. "하나, 둘, 셋, 넷, 다섯, 여섯, 일곱, 여덟, 아홉, 열!"까지 함께 욕실에서 셀 수 있게 된 것은 큰아이가 한 살 반 무렵이었다. 그 후로 수를 자유자재로 셀 수 있게 되기까지 의외라고 생각될 정도로 긴 여정이 있었다.

　예를 들면 여기에 사과 무더기가 있다고 해 보자. 그 사과를 하나씩 빠짐없이 손가락으로 가리키면서 "하나, 둘, 셋, 넷, 다섯, 여섯, 일곱" 하고 세다 보면, 마지막에 말한 '일곱'이 사과 전체의 개수를 나타낸다. 알고 나면 간단한 이 원리에 심리학자는 '기수 원리'cardinality principle라는 이름을 붙였다.[2] 좀 과장된 이름이긴 한데, 이 '원리'를 체

2　　Rochel Gelman and C. R. Gallistel, *The Child's Understanding of Number*, Harvard University Press, 1978.

득하는 일이 아이에게는 전혀 쉽지 않다.

　미국 아이를 대상으로 이루어진 어느 연구에 의하면 아이가 수를 순서대로 셀 수 있게 되고 수사數詞가 사물의 수를 나타낸다고 이해한 후 거기서부터 '기수 원리'를 정확히 파악하고 자신이 읊는 수사의 의미를 하나씩 알게 될 때까지 평균적으로 대략 1년 이상 걸린다고 한다.[3]

　애당초 사람이 수를 정확하게 다루는 능력을 생득적으로 갖고 있지 않다는 사실에 관해서는 이전 작품인 《수학하는 신체》에도 쓴 대로다. 생득적으로 갖고 태어난 인지 메커니즘에만 의존해서는 7과 8의 구별조차 미덥지 않다. 생득적으로 갖고 태어난 수에 대한 인지가 어떠한 과정을 거쳐서 '7'과 '8'을 구별할 수 있게 될 때까지 세련되는가. 그 구별에 이르기까지의 세세한 과정에 관해서는 아직 모르는 게 많다. 단 우리가 알고 있는 것은 많은 사람에게 '손가락'이 이 과정에서 큰 역할을 담당한다는 사실이다.

　손가락에는 언제 보더라도 똑같은 수가 있다. 게다가 언제나 똑같은 순서로 있다. 수와 순서가 안정된 덕분에 셈하는 데에도 계산을 보조하는 데에도 손가락은 아주 유효한 장치다. '수'를 의미하는 'digit'가 동시에 '손가락'을 의미하는 말이기도 한 것이 그냥 우연은 아니다. 수를 막 배울 무렵 손가락을 구부리면서 열심히 셈을 한 기억이 있다. 나 자신의 의지로 한 개씩 손가락을 구부리고 펴는 동작을 통해서 '하나씩 늘어나는' 자연수의 성질을 몸을 써서 배운 것이다.

　언제라도 똑같은 개수와 순서라는 것에 더해서 의도한 대로 하

3　Karen Winn, Children's acquisition of the number words and the counting system, *Cognitive Psychology* 24 (2) : 220-251, 1992.

나씩 움직일 수 있다는 사실은 손가락을 아주 편리한 도구로 생각하게끔 한다. 그런데 그렇다고 하더라도 사람의 손은 애당초 손가락을 하나씩 따로따로 움직이는 구조가 아니다. 사람은 어디까지나 원숭이와 동류로 나뭇가지를 붙잡거나 나무 열매를 비틀어 떼기 위해서만 손을 사용해 왔다. 이때는 하나씩 손가락을 따로따로 움직이기보다 다섯 개의 손가락을 한꺼번에 움직이는 것이 기본default이었을 것이다.

신경과학자인 마크 시버와 린던 히버드는 원숭이를 대상으로 한 실험에서 손가락의 움직임에 동반되는 신경세포의 활동에 관한 흥미로운 발견을 하였다.[4] 그들은 손 전체를 한꺼번에 사용하는 움직임에 비해서 손가락을 하나씩 정확하게 움직일 때 운동피질 활동이 크다는 것을 밝혔다. 특히 손가락 하나만 움직이려고 할 때는 운동피질의 신경세포 중 몇 개가 다른 손가락의 움직임을 방해하기 때문에 한층 더 운동피질이 많이 움직인다.[5]

열 손가락 각각에 그것을 움직이는 전담 신경세포 집단이 있어, 그것들이 동시에 활동하면서 복수의 손가락을 움직이게 하는 것이 아니라 복수의 손가락을 한꺼번에 움직이게 하는 것이 손가락을 하나씩 움직이게 하는 것보다 적은 운동피질의 활동으로도 가능하다는 것이다.

이 연구 결과를 보면 손이 애당초 우리 인간이 수를 셀 때처럼 손가락을 하나씩 정확하게 구부리고 펴는 동작을 위해 진화해 온 것이

4   M. H. Schieber and L. S. Hibbard, How somatotopic is the motor cortex hand area?, *Science* 261: 489-492, 1993.

5   Andy Clark, *Mindware* 제5장에 이 연구에 관한 소개가 나온다.

아니라는 사실을 알 수 있다. 사람이 손가락을 사용해서 셈을 할 때는 손가락을 본래의 구조(장치)와는 다른 형태로 이른바 '불법적'(?)으로 고치면서hack 사용하고 있다. 그리고 보면 우리 집 큰아이가 태어나서 처음으로 손가락으로 '4'를 표현하였을 때도 그는 손가락과 신경계가 맺고 있는 본래 관계를 애써 재편성하면서 인식의 가능성을 확장하는 최초의 한 걸음을 내디뎠을 것이다.

'아는 것'과 '조작하는 것'

지금부터 '계산'이라는 인간 행위의 역사를 고대부터 현대까지 차례대로 짚어 보기로 하겠다. 그것은 인간의 인식이 닿는 범위가 조금씩 확대되어 온 역사이기도 하다. 애당초 사람이 손가락을 구부려서 혹은 자신 주위에 있는 작은 돌 등을 손에 들고서 처음으로 '수'를 파악하려고 시도한 것은 언제쯤부터일까? 아마도 문자의 탄생보다 훨씬 전이었을 텐데 명시적인 기록은 어디에도 남아 있지 않다. 그래서 간접적으로 남겨진 '사물'(물건)을 단서로 대담하게 상상력을 발휘할 수밖에 없다.

그림 1 《문자는 이렇게 해서 탄생했다》
(드니스 슈만트베세라트 지음, 이와나미서점)에서 인용(그림 2 포함). Louis Levine 제공.

그림 1은 기원전 8000년부터 기원전 3000년대 시기의 물건으로 서아시아 일대에서 다수 출토되고 있는 소형의 점토 제품이다. 고고학자 드니스 슈만트베세라트Denise Schmandt-Besserat, 1933~는 직경 2센티미터 정도의 이러한 점토판을 토큰token이라 부르고, 이 점토판이 고대에 사물의 수량을 파악하고 기록하기 위한 회계 시스템 일부였고 게다가 '숫자'의 먼 선조였다는 대담한 가설을 제창하였다.

가장 오래된 토큰은 기원전 8000년경 남메소포타미아에서 등장하였다. 때마침 인류가 신석기시대에 돌입해서 정주 생활이 시작된 무렵이다. 이 시기의 토큰은 곡물과 가축 등 농축산물의 수량을 관리하기 위한 도구였다고 할 수 있다. 다양한 형상의 토큰이 용도가 다른 물품의 회계 관리를 위해 사용되었다. 예를 들면 달걀형 토큰은 항아리에 들어 있는 기름을 나타내고, 원추형 토큰은 작은 단위의 곡물을 나타내는 것으로 사용되었다.

기름과 곡물의 양을 기록하기 위해서는 1 대 1 대응 관계에 기초해서 세고 싶은 대상과 똑같은 수만큼 전용의 모양새를 한 점토를 나열할 필요가 있었다. 즉 이 시대의 토큰은 세는 대상으로부터 분리된 '추상적인 수'를 나타내는 것이 아니었다. '2'와 '3' 같은 것을 나타내는 토큰은 아직 없어서 토큰은 늘 셈의 대상이 되는 물건과 연결되어

그림 2 점토구와 선이 새겨져 있는 달걀형 토큰.
이라크 우르크에서 출토. 독일 고고학연구소 제공.

있었다.

기원전 2700년부터 기원전 2500년 무렵에는 크기 5~7센티미터 정도의 텅 비어 있는 점토구封球가 등장한다(**그림 2**).

곡물과 가축의 수량에 대응하는 토큰을 넣고 봉인해서 다시 그것을 참조할 필요가 있을 때까지 보관하며 사용했다고 볼 수 있겠다. 이렇게 하면 토큰에 의한 정보를 장기적으로 보관할archive 수 있다. 이윽고 일부 지역에서 표면에다 안의 토큰에 대응하는 인영印影을 새긴 점토구가 등장한다. 점토구는 일단 닫아 버리면 그것을 부수지 않는 한 내용을 참조할 수 없다. 그로 인해 이 결점을 극복하려는 궁리가 시작되었을 것이다. 예를 들면 달걀형 토큰 일곱 개가 들어 있는 점토구의 표면에 미리 달걀형 마크 일곱 개를 새겨 놓는다. 그러면 굳이 점토구를 부수고 내용물을 끄집어내지 않더라도 안의 정보를 알 수 있다.

표면에 안에 들은 정보를 새긴다고 하면 이제 더는 안에 들어 있는 토큰의 필요성은 없어진다. 이로 인해 점토구는 서서히 가운데 구멍이 없는 점토구, 즉 '점토판'으로 바뀌게 되었다. 이렇게 해서 3차원의 토큰이 점토판상의 2차원 인印으로 바뀌었다.

기원전 3100년 무렵에는 토큰을 본뜬 그림 대신에 셈하는 대상에 의존하지 않는, 즉 일반적으로 사용할 수 있는 기호가 고안된다. 점토판에 양에 대응하는 토큰의 형상을 다섯 개 눌러 넣으면 되는 것이 아니라 '5'를 나타내는 기호와 '양'을 의미하는 기호를 각각 눌러 넣으면 되었다. 슈만트베세라트에 의하면 이것이야말로 '숫자'와 '문자'의 기원이라고 한다.[6]

---

[6]   그가 묘사한 이 시나리오는 그 후에 몇몇 불완전함도 지적을 받았지만 전면적으로 뒤집을 수 있는 반론이 나오지는 않았다고 한다. 예를 들어 고바야시 토시코(小林登志子) 지음,《슈메르 인류 최고(最古)의 문명》을 참조하라.

인간은 수를 기호로 표기하기 전에는 어디까지나 구체적인 '사물'로 '파악'할 수밖에 없었다. 점토와 작은 돌 같은 사물이 '숫자'로 바뀔 때까지의 긴 여정에 관해서는 아직 모르는 것도 많지만, 슈만트베세라트가 그려 내는 이야기는 수의 기원에 대한 우리의 상상력을 팽창시켜 준다.

고대 메소포타미아 사람들과 비교하면, 지금 우리는 훨씬 쉽고 효율적으로 수를 다룰 수 있게 되었다. 수를 기록하기 위해 일일이 점토를 조작할 필요도 없어졌고 대신 숫자라는 편리한 도구를 손에 넣었다. 그럼에도 문화와 기술 그리고 도구의 도움 없이는 우리는 여전히 수에 관해서 무력하다.

인류의 오랜 우여곡절과 시행착오의 긴 역사를 지금 우리는 단지 몇 년간의 학습으로 넘어선다. 이것은 수를 습득하는 방법이 세련되어 왔고 효율화된 덕분이다. 그렇지만 우리의 생득적 인지 능력은 고대 사람들의 것과 거의 다르지 않을 것이다. 그래서 세거나 계산할 수 있게 되기 위해서는 다양한 문화적 장치의 힘을 빌려 생득적 인지 능력을 확장할 필요가 있다. 이 작업은 누구에게도 적지 않은 곤란을 동반한다.

'수학 싫어함', '수학 알레르기'와 같은 말이 세계 곳곳에 있는 것도 이 때문일지 모르겠다. 나는 지금까지 몇 번인가 한국 아이들 앞에서 수학 강의를 할 기회를 얻었었는데, 그때 수학을 싫어하는 학생을 의미하는 '수포자'라는 말이 있다는 걸 알게 되었다. 영어권에서는 '수학공포증'mathemaphobia 혹은 '수학불안증'math anxiety이라는 말을 들은 적도 있다. 스타니슬라스 데하네Stanislas Dehaene가 쓴 《뇌는 이렇게 배운다》How we learn에 의하면 '수학 불안'은 이미 정량적으로 이해가 가능한 '증후군'으로 밝혀져서, 이것을 앓고 있는 아이는 수학과 만나면 통증과 공포가 관계하는 신경회로가 활동한다는 것을 인식할 수 있다고 한다. 반드시 수학적인 능력이 떨어지지 않아도 수학과 맞닥뜨리는 것만으로 부정적 감정의 파도에 습격을 받아서 계산과 학습 능력이 파괴되고 만다고 한다.

왜 수학만이 이토록 무서움의 대상이 되는 것일까. 생득적인 인지 능력을 확장해 가는 어려움과 고통이 하나의 큰 요인일 것이다. 생득적인 인지 능력에 억지로 비집고 들어서서 그것을 **의미가 아직 없는 쪽**으로 확장해 나가기 위해서는 많든 적든 고통이 동반되는 법이다.

이 최초의 한 걸음을 내디딜 때 도움이 된 것이 손가락과 점토 혹은 작은 돌과 같은 사물이었다고 볼 수 있다. 고대의 우리 선조는 머릿속에서는 수를 정확하게 그릴 수 없으므로 머리 바깥에 점토를 나열했다. 머릿속에서 애매하게 막 섞여 있는 수량이 머리 바깥에서는 물리적으로 분리된 채로 있어 줬던 것이다. 이렇게 해서 그들은 신체와 사물의 힘을 빌려 생득적으로 갖고 태어난 수의 감각을 조금씩 분절해 나가려고 애썼다.

중요한 것은 손가락을 구부리든 점토를 나열하든 그것이 기지旣知의 의미를 표현하는 수단은 아니었다는 사실이다. 여하튼 사람은 머릿속에서는 '7'과 '8'조차도 정확하게 구별할 수 없는 존재다.

손가락이든 점토든, 그것은 적어도 애초에는 **의미가 아직 없는 상태**로 움직여 볼 수밖에 없는 것들이었다. 참조해야 할 의미 해석이 없는 채로, 그럼에도 손가락을 구부리고 점토를 움직인다. 어린아이는 '4'라는 개념을 이해할 수 있게 되기 훨씬 전부터 네 손가락을 구부리고 세울 수 있다. 이처럼 아직 의미가 없는 움직임을 하다 보면 의미는 나중에 침투해 들어온다.

계산을 할 때, 자신이 무엇을 하고 있는가를 '아는 것'보다 더 좋은 것은 없다. 그런데 아직 의미를 모르는 상태라고 해도 사람은 사물과 기호를 '조작'할 수 있다. 아직 의미가 없는 쪽으로 인식을 확장해 나가려면 애써 '조작'을 위한 규칙에 몸을 맡겨 보는 것이 때로는 필요할 것이다. 이때 '안다'는 경험은 나중에 늦게 찾아오는 법이다.

사물에서 기호로

물건을 사용함으로써 비로소 수는 가시화되고 닿을 수 있게 된다. 사람은 애당초 머리로 사고하는 것보다 눈과 손을 사용해서 사물을 조작하는 일을 잘하는 생명체다. 우리의 지각운동계는 수 개념이 탄생하기 훨씬 이전부터 사물을 눈으로 보고 손으로 만지는 동작을 만들어 왔다. 그로 인해 수를 인지할 때도 이러한 '잘하는 분야'를 살리는 것이 중요하다.

예를 들면 서아시아 문화를 계승한 고대 그리스에서 계산은 주로 주판을 이용해서 이루어졌다. 이것은 대리석 등의 평평한 면에 평행선을 몇 개 정도 그은 것이 전부인 장치다. 주판과는 달리 셈하기 위한 '구슬'은 고정되어 있지 않다. 선이 끼여 있는 영역에 구슬에 상응하는 작은 돌을 나열해서 계산을 진행하는 간단한 장치였다.

비교적 큰 수를 포함하는 계산도 주판을 사용하면 작은 돌의 개수를 눈으로 확인하고 손으로 잡는 동작으로 바뀐다. 큰 수를 다룰 때도 한 차수 올리는 원리를 이용하면 각각의 단위를 나타내는 '열'에는 많아 봤자 작은 돌 네 개를 나열하는 것만으로도 충분하다. 이렇다고 하면 인간의 생득적 인지 능력으로도 충분히 대응할 수 있다.

시각을 통한 개수의 인지와 손의 정교한 동작. 이러한 인간의 능력을 절묘하게 조합함으로 인지 부하를 최소한으로 억제하면서 계산을 수행할 수 있는 것이다. 계산은 본래 머릿속에서 하는 것이 아니었다. 인간이 수와 관계를 맺어 온 역사를 보면 알 수 있듯이, 계산은 언제나 돌과 점토 혹은 모래와 종이 등 그것을 지탱하는 '사물'의 도움을 빌려 이루어졌다.

손으로 사물을 잡고서 직접 움직이지 않고 단지 숫자를 쓰는 것만으로 계산을 할 수 있게 된 것은 **계산용 숫자**, 즉 '산용숫자'가 보급된 후다. 산용숫자가 어디서 탄생했는지 정확한 것은 알 수 없지만 늦어도 6세기에 인도에서 '0'을 나타내는 기호를 포함하는 십진수 표기법을 사용한 '필산'이 이루어진 것 같다.[7] 이 장치가 아라비아 문화를 경유해서 유럽에 전해졌기 때문에 '인도 아라비아 숫자'라는 명칭도 만들어졌다.[8]

단 '인도 아라비아 숫자'의 지금의 형태는 어디까지나 중세 서유럽에서 확립된 것으로 그것에 앞선 인도와 아라비아 숫자는 이것과는 꽤 다른 형태를 하고 있다. 이로 인해 '인도 아라비아' 숫자 대신에 일부러 '서양 숫자'라는 표현을 사용하는 책도 있다.

이 책에서는 (아마도 일본에서밖에 통용되지 않는 표현이긴 하지만) 계산용 숫자라는 점을 강조하기 위해서라도 숫자 '0, 1, 2, 3, 4, 5, 6, 7, 8, 9'를 그냥 '산용숫자'라고 부르기로 하겠다.

산용숫자의 보급으로 사람은 물리적으로 '사물'을 움직이지 않고

---

[7]   하야시 다카오(林隆夫)지음, 〈인도의 제로〉(《수학문화》 제30호). 단 '필산'이라고 말하더라도 종이와 연필을 통해서는 아니었고 알고리즘도 현재의 그것과는 달랐다(Stephen Chrisomalis, *Numerical Notation: A Comparative History*, p. 215).

[8]   그렇다고는 하지만 이 구조가 정말로 '인도'에서 기원한 것인지 아닌지에 관해서는 논쟁이 있다. Lam Lay Yong, The Development of Hindu-Arabic and Traditional Chinese Arithmetic, *Chinese Science* 13: 35-54, 1996.

평면상의 기호를 조작하는 것만으로 계산을 할 수 있게 되었다. 이때 중요한 문제로 드러나는 것이 숫자의 표기법이다. 똑같은 수를 '二十三'이라고 쓸지 '23'이라고 쓸지 혹은 'XXⅢ'으로 쓸지 ⧌⧌⧌⧌ [9]라는 기호로 쓸지는 일견 별로 중요하지 않은 일이라고 생각할 수 있겠지만, 계산의 도구로서 숫자를 보면 여기에는 하늘과 땅 차이가 있다.

탁월한 표기법은 '모든 불필요한 일로부터 뇌를 해방함으로써 보다 고도의 문제에 집중하는 여력을 만들고 그 결과로서 인류의 지능을 증진시킨다.' 영국의 수학자 알프레드 노스 화이트헤드Alfred North Whitehead, 1861~1947가 저서 《수학입문》An introduction Mathematics, 1911에서 말한 대로다. 두 자릿수 이상의 곱셈과 나눗셈을 척척 해내는 현대인의 모습을 보면 고대 그리스 수학자들은 경탄할 것인데, 그 비밀은 수의 표기법에 있다.

예를 들면 한자의 '三'은 문자 그대로 선이 세 개 나열되어 있어서 산용숫자인 '3'보다도 의미 표현의 관점에서 보면 직관적이긴 하지만, 한자 숫자로 계산을 하려고 하면 '三'과 '二'의 구별이 헷갈리기 쉬운 것 등 불편한 점이 부각된다. 따라서 겉모양과 의미가 분리된 '3'이 계산을 할 때는 편리하다. 궁리에 궁리를 거듭해 설계된 기호는 의미를 잊고 조작에 몰입하는 데 도움이 된다. 산용숫자의 보급과 정착은 이 점에서 계산 문화의 발전을 이끄는 중요한 한 걸음이었다.

---

9   바빌로니아 숫자로 쓰인 23. 이러한 형태가 점토판에 각인되었다.

산용숫자가 확장의 길을 걷다

현대를 사는 우리에게 산용숫자의 편리성은 이미 의심할 여지가 없지만, 동서고금을 돌아보면 산용숫자 이외에도 다양한 숫자가 탄생했고 이를 사람들이 사용해 왔던 것 또한 사실이다. 따라서 산용숫자만이 가장 탁월한 숫자 시스템이라고 반드시 단언할 수는 없다. 실제로 숫자에는 계산 이외에도 여러 용도가 있다. 전화번호를 전할 때나 성적을 매길 때, 아직 읽지 않은 이메일 건수를 표시할 때, 글을 쓰다가 각주를 달 때 등등. 숫자에는 몇 가지 기능이 있어서 일률적으로 어떤 시스템이 탁월한지 그 우열을 단순하게 비교할 수 없다. 계산 용도로만 사용한다면 산용숫자가 탁월하지만, 숫자가 담당하는 기능에 계산만 있는 건 아니다. 예를 들어 이 책에서는 종종 '한자숫자'(한국어판에서는 한글숫자)를 사용하는데, 그것은 일본어 문장 안에서 '읽기 쉬움'을 우선순위에 둘 때 한자숫자가 산용숫자보다 종종 탁월하기 때문이다.

사람들이 숫자에 기대하는 다양한 기능과 지역과 문화에 뿌리를 내린 숫자의 다양성을 생각해 보면 오히려 산용숫자만이 이 정도로 많이 보급된 현상이 특이하다는 것을 알 수 있다. 산용숫자가 파죽지세로 전 세계에 확장되어 간 것은 16세기의 일이다. 이 사실은 유럽에 처음으로 산용숫자가 들어오고 나서도 꽤 후의 일이다. 대략 100종류의 숫자 표기 시스템을 비교 연구한 대저 《숫자 표기법 비교사》 Numerical Notation: A Comparative History, 2010의 저자 스티븐 크리소말리스에 의하면 16세기 일어난 급격한 산용숫자의 전파에는 활판 인쇄 기술의 보급과 자본주의의 대두 그리고 유럽 제국에 의한 비유럽권의 식민지화와 거기에 동반되는 표기법의 획일화 등 다양한 요인이 복합적으로 관련되었다고 한다.

　여하튼 16세기 이전에는 유럽에서조차 산용숫자는 좀처럼 보급되지 않았다. 이미 로마숫자가 수의 표기와 기록을 위한 도구로 역할을 하고 있었기 때문에 산용숫자가 로마숫자를 곧바로 몰아낼 이유도 없었다. 중세 때는 많은 학자들이 실제로 외래 숫자인 산용숫자를 몇 세기 동안 상대하려고조차 하지 않았다고 한다.

　산용숫자가 유럽에 보급되는 데 공헌한 것은 학자가 아니라 오히려 활발한 경제활동에 참가한 상인들이었다. 그들에게는 새로운 숫자가 필요한 이유가 있었다. 특히 중세 유럽 세계의 경제를 이끈 북부 이탈리아에서는 무역과 금융의 발전에 힘입어 비즈니스 현장에서 필요로 하는 수의 조작이 복잡화를 거듭하고 있었다. 문자를 읽고 쓰는 능력literacy뿐만 아니라 숫자를 다루는 힘numeracy이 상인의 기초적 소양으로 요구되는 시대가 도래한 것이다.

　시대의 요구를 민감하게 읽어 내고 산용숫자라는 외래의 기술을 모국 이탈리아에 보급하는 데 큰 공헌을 한 것은 '피보나치'라는 통칭으로 알려진 수학자 레오나르도 피사노다. 피보나치는 세관 관리였던 아버지의 일 관계로 젊었을 때부터 여러 나라를 편력하고 거기서 산용숫자와 아라비아 류의 숫자를 만났다. 대부가 쓴 《계산책》Liber Abaci, 1202, 1227이라는 저작을 통해 그는 이 새로운 기술의 핵심을 읽어 내고 이탈리아 사람들에게 그것을 전해야겠다고 생각하였다.

　전부 15장으로 구성된 이 책의 모두에서 사본가写本家에 의한 짧은 코멘트 뒤에 그는 다음과 같이 소리 높여 선언하고 있다.

　인도 사람들이 사용하고 있는 숫자 아홉 개는 987654321. 이것들 아홉 개 숫자와 아라비아인이 '제피룸'이라 부르는 0이라는 기호를 사용해

서 이하에 제시하는 대로 모든 수를 표시할 수 있다.[10]

단지 기호 열 개로 모든 숫자를 표시할 수 있다. 이 놀랄 만한 사실에 관해서 당시 사람들이 느꼈을 법한 신선한 감동이 전해져 온다. 피보나치는 유럽에 산용숫자를 도입한 최초의 인물은 아니었다. 그럼에도 그는 북이탈리아에 새로운 계산 문화를 정착시키는 데 결정적인 역할을 하였다.[11] 실제로 《계산책》이 발표되고 나서 약 3세기 동안 이탈리아 각지에 '계산의 달인'이라 불리는 계산 교사가 계속해서 등장했으며, 그들의 손에 의해 몇 백 권이나 되는 《계산책》libri d'abbaco 이 집필되었다. 이러한 책들을 교과서로 삼아 아이들에게 회계와 계산 기법을 가르치는 '계산학교'도 계속해서 만들어진다. 레오나르도 다빈치와 니콜로 마키아벨리 등도 계산학교에 다니며 계산 문화의 세례를 받은 인물의 예에 들어간다.

산용숫자를 이용한 계산 기법과 함께 아라비아 세계로부터 전해져 온 '대수학'algebra[12] 또한 상인을 중심으로 하는 중간계급 사이에 조금씩 침투되었다. 이탈리아보다 조금 뒤처져서 15세기에는 독일과 프랑스, 영국과 포르투갈 등에도 동방에서 전해 온 계산 문화가 파급되었다. 17세기에 꽃을 피우는 '서구 근대 수학'의 종자는 이렇게 해서 천

10   번역은 시글러(L. E. Sigler)의 영역본 *Fibonacci's Liber Abaci*에 기초해서 작성하였다. 'zephirum'은 아라비아어 '시후루'를 라틴어화한 것이다.

11   북이탈리아에 계산 문화가 뿌리내리는 과정에서 피보나치가 담당한 역할에 관해서는 다음을 참조하라. Keith Devlin, *The Man of Numbers: Fibonacci's Arithmetic Revolution*.

12   미지수를 포함하는 식을 풀기 쉬운 형태 혹은 이미 풀 수 있다는 것을 아는 형태로 가져오기 위한 절차를 고안하는 것. 나아가 그 절차의 타당성을 기하학적 수단을 통해 증명하는 것을 목표로 하는 수학의 한 분야. 대수(代數)를 의미하는 라틴어 'algebra'는 아라비아어 '아르쟈브루'에서 유래한다(《수학하는 신체》한국어판 78쪽 참조).

천히 양성된 '계산 문화' 속에서 서서히 키워져 간다.

그림에서 식으로

아랍 세계에서 유럽으로 전해진 것은 물론 숫자뿐만이 아니다. 중세 이후 유럽 수학 전체가 아라비아 수학의 영향 아래 있다. 고전적인 수학사를 다룬 텍스트는 아라비아 수학으로부터의 영향을 경시하는 경향이 있는데, 이러한 편향 자체가 근대 유럽 특유의 학문적 소산이라고 할 수 있겠다. 과거 일본 메이지 시대에 일본인들이 외래의 문화로서 유럽 수학을 접한 것과 똑같이 중세의 유럽 사람들 또한 적지 않은 충격과 함께 미지의 학문으로 아라비아 수학과 만났다.

외래의 학문을 자신의 것으로 만들어 독자 형태로 승화시켜 나가기 위해서는 긴 시간이 필요하다. 아라비아 세계로부터 들어온 대수학의 종자가 유럽에서 독자적으로 꽃피기까지는 몇 세기라는 시간이 필요했다. 이 과정에서 그때까지 '말'로 이루어지고 있었던 대수학은 서서히 기호의 조작으로 바뀌어 나갔다. 특히 기호의 보급으로 '수식과 계산'에 의한 수학이 탄생한 것은 근대 유럽에서 일어난 수학 역사상 가장 중대한 사건 중 하나였다.[13]

기호화되기 이전 대수학은 어디까지나 말에 의한 행위였다. 예를 들어 아라비아 세계에서 대수학의 탄생을 알린 알콰리즈미al-Khu-wārizmī, 780년 무렵~850년 무렵의 책에는 다음과 같은 구절이 있다.

---

13   이 주제에 관해 좀 더 상세한 내용은 《수학하는 신체》(제2장, Ⅱ 기호의 발견)을 참조하라.

누군가 다음과 같이 문제를 낸다고 하자. "10을 두 개로 나누어서 그중 하나에 또 하나를 곱하면 21이 되었다." 그러면 한쪽이 '사물'이고 또 한쪽은 '10 빼기 사물'이라는 것을 알 수 있다.[14]

이것은 지금이라고 하면 그냥 '$x(10-x)=21$'과 같은 방정식을 푸는 문제에 해당한다.

수학적으로는 똑같은 내용을 가진 주장과 문제라도 어떤 표기법을 사용하느냐에 따라서 거기서부터 전개할 수 있는 사고의 가능성이 달라진다. 산용숫자가 탁월한 표기법의 위력을 보이는 것과 똑같이 대수학의 기호화 또한 표기법이 인간의 사고에 가져오는 막대한 영향을 밝혀 나가는 데 주춧돌이 된다.

그림 3을 보기 바란다. 이것은 근대 서구 수학의 여명기에 활약한 고트프리트 빌헬름 라이프니츠Gottfried Wilhelm Leibniz, 1646~1716가 손수 쓴 메모다. 수식을 쓰거나 때로는 지우거나 하면서, 그가 '종이 위에서 사고하고 있는' 모습이 전달될 것이다. 그때까지의 숫자가 작도라는 동작 이외에는 주로 음성언어를 이용하였다고 하면, 근대 수학자들은 이렇게 해서 종이 위에서 대응하는 음성을 갖지 않는 기호를 끄적거리면서 사고할 수 있게 되었다.

근대 수학의 주춧돌을 놓은 르네 데카르트1596~1650는 적절한 표기법이 명석한 사고를 실현하는 데 얼마큼 중요한가를 시대를 앞서서 인식하고 있었던 인물이었다. 명석한 사고와 확실한 추론을 뒷받침하는 보편적인 '방법'을 모색한 그는 생전 미발표 유고《정신 지도의 규칙》Regulae ad directionem ingenii에서 복수의 일을 애매한 채로 동시에 의식

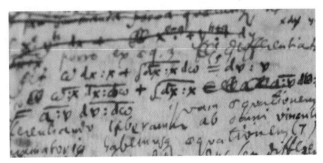

그림 3

하려고 하는 태도를 경계하고 늘 한 번에 하나의 일에 정신을 집중시켜야 한다고 역설하고 있다.

　그리고 자신의 주장을 뒷받침하기 위해 기억의 부하를 경감시켜 주는 '아주 짧은 기호'의 사용을 제시하고 있다. 기호를 이용함으로써 종이에 기억을 보관해 둘 수 있다. 정신을 쓸데없는 고통으로부터 해방해 그때마다 최소한의 관념에 의식을 집중할 수 있다는 것이다.

　이때 기호를 어떻게 디자인하느냐가 중요하다. 데카르트가 기호의 탁월한 설계자였던 것은 그의 기호법 중 많은 것이 현재도 사용되고 있다는 사실이 잘 말해 주고 있다.

　기지수에 알파벳의 *a, b, c*를 이용하고 미지수에는 *x, y, z*를 이용하는 것은 데카르트가 도입한 기호법이다. 예를 들면 거듭제곱을 'x^2, x^3'과 같은 기호로 표시하는 것이 대표적인 예다.

　데카르트 수학의 집대성이라 할 수 있는 《기하학》La Geomeire, 1637을 펼쳐 보면, 그 이전에 쓰인 수학책에 비해서 읽기 쉽다. 그것은 데카르트가 도입한 기호법이 대체로 현대에도 그대로 계승되고 있다는 사실이 뒷받침해 준다.

　상세한 내용은 2장에서 살펴볼 것인데, 데카르트는 도형의 본질

이 대수적인 방정식이라는 새로운 시점을 열어젖혔다. 기하학의 문제
는 그때마다 우연적인 번뜩임에 의해 풀리는 것이 아니라 도형을 방
정식으로 바꾼 상태에서 그 식을 푼다고 하는, 보편적인 '방법'에 기초
해서 해결되어야 한다고 그는 생각했다. 데카르트의 수학은 그의 원
대한 철학적 기획의 아주 일부분에 지나지 않았는데, 이 새로운 수학
이 그 결과로서 수학의 풍경 전체를 확 바꾸었다. 수학은 작도와 언
어의 구속으로부터 자유로워져서 기호와 규칙의 세계로 커 나간다.

명시적인 규칙에 지배된 수식의 계산은 의미 해석이 확정되지
않은 채로도 수행할 수 있다. 고전적인 기하학이 자와 컴퍼스로 그릴
수 있는 그림의 '의미'에 묶여 있었던 반면 데카르트 이후의 수학은 기
호와 규칙의 힘을 빌려 **의미가 아직 없는 쪽으로** 한층 자유롭게 날갯
짓할 수 있게 되었다.

0에서 4를 빼면?

수학사가 헹크 보스Henk Bos, 1940~는 근세에서 수학의 '엄밀함'exact-
ness이라는 개념의 변천 과정을 짚은 노작《기하학적 엄밀함을 재정의
하기》Redefining Geometrical Exactness, 2000 마지막 장에서 자신의 연구를 돌
아보면서 '수학에서 완전히 바뀌지 않은 것은 없다'고 절실하게 감회
를 진술하고 있다. 실제로 수학사를 배우면 종종 지금은 당연시되는
것이 얼마나 과거의 수학자에게는 당연하지 않았는가를 알게 된다.

17세기 프랑스의 수학자 파스칼Blaise Pascal, 1623~1662의 철학적 단장
《팡세》에는 "0에서 4를 빼면 0이 남는다는 것을 이해할 수 없는 사
람들이 있다"고 쓴소리를 하는 절이 있다. 파스칼은 당대 일류 수학

자였는데, 그에게 '부수'(음수)라는 생각은 불합리함 그 이상 그 이하도 아니었다.

그런데 '수학에서 전혀 바뀌지 않는 것은 아무것도 없다.' 지금은 0에서 4를 빼면 '-4'라고 초등학생이라도 대답할 수 있다. 그것은 지금 초등학생이 파스칼보다 똑똑하게 되어서 그런 것이 아니라 수를 볼 때의 시점이 바뀌었기 때문이다.

파스칼 시대에는 수가 사물의 개수와 길이, 면적 등의 '양'을 나타낸다는 상식이 있었다. 거기서는 예를 들면 '0-4=-4'와 '2-4=-2'와 같은 식은 무의미하다(당시는 애당초 '='이라는 기호도 아직 일반적이지 않았다). 사과 두 개에서 사과 네 개를 제거하려고 하면 계산 도중에 사과가 없어진다. 설마 그 뺄셈의 결과로 '부의 사과'가 두 개 생긴다고 생각하는 사람은 없을 것이다.

그렇다고 하면
(1) 2-4=-2라고 생각하기보다
(2) 2-4=0이라고 생각하는 것이 합리적이다.

'수는 사물의 개수와 양을 나타낸다'는 의미에 매달린다고 하면 물론 (2)가 옳다. 그런데 연산이 따라야 할 '규칙'을 존중한다면 역으로 (1)이 이치에 맞다.

실제로 '2-4=0'이라고 하면

(2-4)+4=0+4=4가 되어서, 2에서 4를 뺀 후에 4를 더하면 원래 2로 돌아가지 않는다. 따라서 '덧셈은 뺄셈의 역'이라는 기본적인

성질이 무너지고 만다.

수학에서는 언제라도 '단지 하나의 옳은 대답'이 있을 리 없다. 새로운 규칙을 채용할 때는 진행해야 할 방향을 선택할 필요가 생긴다. '숫자는 사물의 개수와 양을 나타낸다'는 의미를 우선시하면 '2-4=0'이 정당화되고 '-'와 '+'가 따라야 할 규칙에 초점을 맞추면 '2-4=-2'가 타당하다. 의미에 따라서 규칙이 정해지는 때도 있지만 규칙의 요청으로 탄생한 식을 해석하기 위해 새로운 의미가 나중에 따라붙는 때도 있다. 분수의 나눗셈과 부수의 곱셈을 처음 접하고 '의미를 모르겠다!'고 한탄한 사람도 있을지 모르겠는데, 수학에서는 때로 의미를 잠시 손에서 놓고 규칙에 의지해서 전진하는 것이 필요하다.

수직선의 발견

규칙에 의지해서 전진해 나가는 과정에서 아직 의미가 없는 조작에도 이윽고 새로운 의미가 스며든다. 수가 '양'을 나타낸다고 생각하는 대신에 '위치'를 나타낸다고 간주하고 부수에 기하학적인 해석을 부여하는 것이 '수직선'의 아이디어다.

0의 오른쪽으로 정수가 일렬로 나열되어 있고, 0의 왼쪽에 부수가 나열되어 있다. 이렇게 해서 수가 일직선상에 정연하게 나열되는

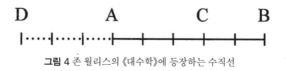

그림 4 존 월리스의 《대수학》에 등장하는 수직선

'수직선'이라는 아이디어가 유럽에서 나온 책에 처음 등장한 것은 의외라고 할 정도로 늦다. 영국의 수학자 존 월리스John Wallis, 1616~1703의 저서 《대수학》Algebra, 1685에는 그 선구라고 말해야 할 그림이 나온다.[15]

《대수학》 제66장에 나오는 **그림 4**를 월리스는 다음과 같이 해설한다.

예를 들면 남자가 'A에서 B로' 5야드 앞으로 나아간 후에 'B에서 C로' 2야드 후퇴하였다고 하자. C에 있는 시점에서(그때까지의 여정 전체를 통해서) 그가 얼마큼 전진하였는가? 혹은 그가 "A에 있었을 때와 비교해서 얼마큼 앞에 있는 것일까?"라는 물음을 받았다고 하면 나는 (2를 5에서 뺌으로써) 그가 3야드 진행하였다고 대답한다(왜냐하면 +5-2=+3이니까).

그러나 그가 B까지 5야드를 전진한 후에 D까지 8야드를 후퇴하였다고 하고 그 상태에서 D에 있을 때 그가 얼마큼 전진하였는가 혹은 "A에 있을 때와 비교해서 얼마큼 앞에 있는가?"라는 물음을 받는다면 나는 -3야드라고 대답한다(왜냐하면 +5-8=-3이기 때문에). 요컨대 그는 무(원문에서는 nothing)를 기점으로 3야드만 왼쪽으로 전진한 것이다. (필자 번역)

당시 수학자들을 위해 월리스가 쓴 문장이다. 마치 초등학생에게 일러 주는 듯한 문체다. 그 정도로 이 생각이 당시 사람들에게는 당연하지 않았다는 것을 알 수 있다. 일단 월리스의 설명을 이해할 수 있으면 부수를 받아들이는 것도 어렵지 않게 된다. 수직선을 떠올릴 수

15   R. E. Núñez, No Innate Number Line in the Human Brain, *Journal of Cross-Cultural Psychology*, 42 (4), 651-668.

있는 사람에게 '5-8=-3'이라는 식은 '5-2=3'이라는 식과 완전히 똑
같을 정도의 의미가 있기 때문이다.

'허수'의 발견

제곱을 하면(2승을 하면) 부(마이너스)가 되는 '허수' 또한 수의 지
위를 얻기까지 긴 세월이 필요하였다. 허수가 처음으로 수학 텍스트
에 등장하는 것은 16세기다. 이탈리아의 수학자 지롤라모 카르다노
Gerolamo Cardano, 1501~1576가 저서 《아르스 마그나》Ars Magna, 1545에서 '10
을 두 개로 나눠서 그 곱이 40이 되게 하기 위해서는 어떻게 하면 좋
을까'라는 문제에 대해 $x=5\pm\sqrt{-15}$가 되는 '해(답)'를 제시해 보인 것
이 처음이다.

그런데 수는 구체적인 길이와 같은 '양'을 의미한다고 생각하고
있었던 카르다노에게 '10을 $5+\sqrt{15}$와 $5-\sqrt{15}$로 나누는 것'은 불합리
할 수밖에 없었다. $\sqrt{-15}$ 란 제곱을 했을 때 -15가 되는 수다. 제곱하면
-15가 되는 '길이' 같은 게 과연 있을 수 있을까 생각한 것이다.

그렇다고 하면 길이 10의 선을 도대체 어떻게 길이 $5\pm\sqrt{-15}$로
나누란 말인가?

그는 오른쪽에 '답'을 도출해 보인 후 이러한 '답'에 "사용 방도는
없다"는 냉소적인 코멘트만을 남기고 허수에 관해서 그 이상, 한 걸음
더 들어간 고찰을 하지 않았다.[16] 그런데 허수는 단지 보고도 못 본 척

---

16   여기서는 현대적인 기법을 사용하긴 하였지만, 카르다노 시대에는 아직 '='과 제곱근
을 의미하는 '$\sqrt{}$' 같은 기호가 없었다.

하고 그냥 지나갈 수 있는 상대가 아니라는 것이 점차 밝혀지게 된다.

실제로 예를 들면 $x^3=15x+4$ 라는 3차방정식에 당시 이미 알려져 있던 3차방정식 해답 공식[17]을 적용해 보면

$$x = \sqrt[3]{2 + \sqrt{-121}} + \sqrt[3]{2 - \sqrt{-121}}$$

이 되어 허수를 포함하는 일견 꽤 복잡한 답이 도출된다. 그런데 카르다노보다도 스무 살 정도 젊은 볼로냐 태생 수학자 라파엘 봄벨리 Rafael Bombelli, 1526~1572는 이 일견 복잡하게 보이는 답도 인내심을 갖고 바꾸어 가다 보면 왜인지 마법과 같이 허수끼리 서로가 서로를 없애서 $x=4$ 라는 심플한 답이 도출된다는 것을 알게 되었다(**그림 5**).

$$(2 \pm \sqrt{-1})^3 = 2 \pm 11\sqrt{-1} = 2 \pm \sqrt{-121}$$
$$\sqrt[3]{2 + \sqrt{-121}} = 2 \pm \sqrt{-1}$$

$$x = \sqrt[3]{2 + \sqrt{-121}} + \sqrt[3]{2 - \sqrt{-121}}$$
$$= (2 + \sqrt{-1}) + (2 - \sqrt{-1})$$
$$= 2 + 2 \qquad \text{서로 없앤다.}$$
$$= 4$$

그림 5

[17] 현대적인 기법을 이용해서 써 보면 3차방정식은 일반적으로 $x^3=px+q(p,\ q$는 정수)의 형태로 귀착된다. '카르다노의 공식'이라 불리는 3차방정식의 '해' 공식에 의하면 이러한 방정식의 해는 $x = \sqrt[3]{\frac{q}{2} + \sqrt{\frac{q^2}{4} - \frac{p^3}{27}}} + \sqrt[3]{\frac{q}{2} - \sqrt{\frac{q^2}{4} - \frac{p^3}{27}}}$ 라고 계산할 수 있다. 단 $\frac{q^2}{4} < \frac{p^3}{27}$ 이 되는 경우는 제곱근 안이 '부'가 되어 허수가 나오게 되므로 이 경우에 관해서 카르다노는 공식의 적용 범위 바깥에 있다고 생각하였다.

이때 허수가 단지 무의미한 것뿐만 아니라 불가사의한 방식으로 계산 과정에 기여하고 있다는 것을 알 수 있다. 의미를 아직 모르는 수가 왜인지 모르겠지만 의미 있는 작용을 하고 있다. 이 희한한 사실이 밝혀진 이래 허수는 그것이 무엇을 '의미'하는지는 미해결된 상태로 수학자들의 관심을 계속 끌어당기게 된다.

불가해함의 방문

파스칼은 물론 같은 시대의 데카르트도, 그 후 라이프니츠와 뉴턴, 오일러조차도 허수가 다른 수와 똑같이 '존재'한다고는 생각하지 않았다. 만약 월리스가 말하고 있듯이 수가 직선상에 늘어서 있다고 하면 허수가 있을 곳이라고는 어디에도 없음이 확실하다. 허수는 0도 아닐뿐더러 0보다 크지도 작지도 않다. 그런데 수직선 위에 늘어서 있는 것은 0을 중심으로 해서 0보다 큰 수와 0보다 작은 수뿐이다.

수가 '직선'이라는 일차원의 세계에 늘어서 있는 것이 아니라 '평면'이라는 이차원의 세계에 있다고 발상을 바꿈으로써 이 상황이 타개된 것은 19세기에 들어서다. 덴마크의 측량학자 베셀Casper Wessel, 1745~1818과 파리의 서점원이었던 장로베르 아르강Jean-Robert Argand, 1768~1822, 독일의 수학자 카를 프리드리히 가우스Carl Friedrich Gauss, 1777~1855 등에 의해서 '복소평면'이라는 새로운 수의 세계에 대한 묘상描像이 각각 독립적으로 거의 동시기에 고안되었다.

결론을 먼저 말하자면 허수는 0의 오른쪽도 아니고 왼쪽도 아닌 0의 **바로 위에** 있다고 생각하면 된다. 이런 발상의 열쇠가 되는 것은 '마이너스를 곱하는' 연산의 기하학적인 해석이다. 구체적으로 '-1

을 곱하기'라는 연산의 기하학적인 의미를 수직선 위에서 생각해 보기로 하자. 예를 들어 2에 –1을 곱하면 –2가 된다. –5에 –1을 곱하면 5가 된다. '–1을 곱하는' 조작으로 수는 수직선 위에서 0의 딱 반대쪽으로 이동한다(**그림 6**).

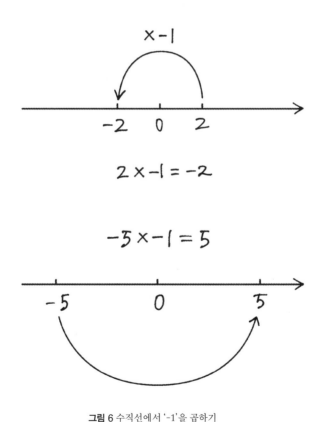

그림 6 수직선에서 '–1'을 곱하기

'0의 반대로 이동한다'는 것은 '0을 중심으로 180도 회전한다'고 바꾸어 말해도 좋다. -1을 곱할 때마다 수가 평면 내를 빙빙 0을 중심으로 180도 회전하는 모습을 떠올려보기 바란다.

이 관점하에서는 예를 들면 '-1×-1=1'이라는 식도 아주 자연스럽다고 할 수 있다. 즉 '-1×-1'이란 180도 회전을 두 번 반복하는 것과 다름없다. 180도 회전을 두 번 반복하면 원래대로 돌아간다. 이것이 -1×-1=1이라는 식의 기하학적인 '의미'다(**그림 7**).

이 단계에서 아직 허수는 등장하지 않았지만, 인간의 시야는 이미 직선에서 평면으로 확장되기 시작했다. '회전'이란 애당초 수직선을 둘러싼 평면을 전제로 한 조작이기 때문이다. 그래서 이번에는 이런 것을 생각해 보겠다. -1을 곱하는 것이 평면 내에서의 180도 회전이라고 하면 회전을 도중에 멈추게 되면 어떻게 될까. 예를 들면 1을 (시계 반대 방향으로) 90도만 돌려서 거기서 멈추어 보면 어떻게 될까. 시험 삼아 1을 90도만 회전시킨 곳에서 수가 있다고 해 보자. 이것은 완전히 상상 속의imaginary 수이기 때문에 가령 'i'라고 이름을 붙여 본다. i를 곱하는 것은 이 기하학적인 해석하에서는 90도 회전을 의미한다. 90도 회전을 두 번 반복하면 180도 회전이 된다. 그렇다고 하면 '$i \times i = -1$'이라는 계산 규칙이 기하학적인 의미로부터의 유추에 의해 요청된다(**그림 8**).

'i를 두 번 곱하면 -1이 된다.' 이것은 잘 보면 '허수'가 허수가 되기 위한 바로 그 성질이다. 허수는 수직선상의 어디를 찾아도 보이지 않았다. 그런데 0의 오른쪽도 아니고 왼쪽도 아닌 0의 바로 위에 수가 있다고 생각해 보니, 그것은 딱 허수가 갖추어야 할 성질을 갖는다. 이 아이디어를 좀 더 진행해 보기로 하자. 2에 i를 곱하면 $2i$가 된다. 그것은 2를 90도 회전시킨 곳에 있다. -3을 90도 회전시킨 곳에는 $-3i$

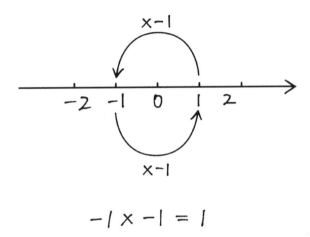

그림 7 '-1×-1'의 기하학적인 '의미'

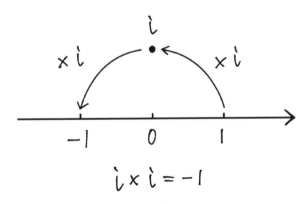

그림 8 '$xi=-1$' 기하학적인 의미

가 있고 0의 위와 아래 여기저기 수가 있다. 이렇게 해서 수의 세계는 0의 좌우뿐만 아니라 아래와 위 방향에도 한없이 펼쳐지게 된다.

내친김에 좀 더 대담하게 수의 세계를 확장해 보자. 0의 상하좌우뿐만 아니라 평면상의 다른 영역에도 수가 있다고 생각해 보는 것이다. 이것이 '복소평면'의 아이디어다.

이 아이디어를 처음으로 착상한 사람 중 한 명인 가우스는 실수 x, y와 허수 단위 i를 사용해서 '$x+yi$'라는 형태로 나타낼 수 있는 수를 가리켜 '복소수'(독일어 Komplexe Zahl, 영어 complex number)라고 불렀다. 가우스는 애당초 '허수'라는 표현을 좋아하지 않았다. '허수'라고 부름으로써 이 수가 '공소한 기호'라는 부당한 인상을 심어 줄 수 있다고 여겼기에 싫어한 것이다.

+1, −1, i 등을 각각 '정' '부' '허' 수라고 부르는 것 대신에 가우스는 직直, direkte, 역逆, inverse, 횡橫, laterale 등등 방향을 의미하는 말로 부를 것을 제안하였다. 그렇게 하면 허수에 대한 부당한 평가를 일소할 수 있다고 생각한 것이다.

그는 '복소수'라는 말에 '복수 방향으로 단위를 갖는다'는 의미를 담았다. 거기에는 '허수'라는 말이 풍기는 미묘한 신비감과 비현실감이 없다. 여하튼 +1과 i는 단지 원점으로부터 '방향'이 다를 뿐이다. 그렇다고 하면 허수는 적어도 실수와 똑같은 정도로 '현실적'이다. 가우스는 '복소수'라는 말을 이용해서 실수도 허수도 똑같은 열로 다루려고 한 것이다.

자 그러면 복소수 '$x+yi$'는 복소평면상, 실수 x로부터 y분만큼 종 방향으로 이동한 장소에 있다고 생각한다(**그림 9**).

이리 되면 복소수의 연산은 놀랄 정도로 절묘하게 평면상의 기하학과 조화를 이룬다. 복소평면상의 모든 복소수는 원점으로부터의

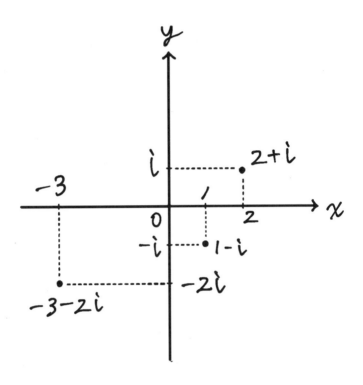

그림 9 원점의 상하좌우뿐만 아니라
이것을 둘러싼 평면 전체에 수가 퍼져 있다고 생각하는 것이
'복소평면'의 아이디어다.

거리(이것을 복소수의 '절대치'라고 한다)와 수직선의 정 방향에서 봐서 시계 반대 방향으로 몇 도 회전하였는가의 각도(이것을 복소수의 '편각'이라고 한다)에 의해 나타낼 수 있다. 이때 복소수의 곱셈의 결과는 절대치를 곱하고 편각을 합쳐서 얻어진 복소수와 일치한다. 요컨대 복소수의 곱셈은 길이를 곱하고 각도를 더하는 절차로서 기하학적으로 해석할 수 있다(**그림 10**).

복소평면에 의한 복소수의 해석은 단지 허수에 있을 곳을 제공해 준 것뿐만이 아니라 복소수의 사칙연산 규칙의 의미를 가르쳐준다.[18] 그로 인해 복소평면을 정확하게 이해하고 있는 사람이라고 하면 번거로운 계산을 하지 않더라도 머릿속의 공간적인 이미지에 기초해서 어느 정도까지 복소수의 계산 결과를 파악할 수 있다. 불필요한 계산을 피하고 정확함이 손상되지 않으면서 기하학적 직관에 의지해서 목표로 하는 대답에 도달할 수 있는 것이다.

의미를 '아는 것'과 규칙에 따라서 기호를 제대로 '조작하는 것'. 계산에는 이 양면이 있고 양자는 서로 등을 맞댄 관계에 있다. 그런데 언제나 딱 겹치는 것은 아니라서 종종 어긋남이 일어난다.

라파엘 봄벨리는 이미 16세기 시점에서 허수를 정확하게 조작하는 방법을 알고 있었다. 그런데 그 계산의 의미를 아는 데까지는 당도하지 못했다. 허수의 계산 의미를 '알기'까지는 그 후 수백 년이라는 세월을 필요로 했다. **의미가 아직 없는** 조작과 인내심 있게 계속 만나는 시간 속에서 조금씩 '의미'가 '조작'을 따라가고 있다는 것을 우리

---

18   또한 복소수의 덧셈도 복소수를 복소평면상의 벡터로 봤을 때의 벡터의 합으로 이해할 수 있다.

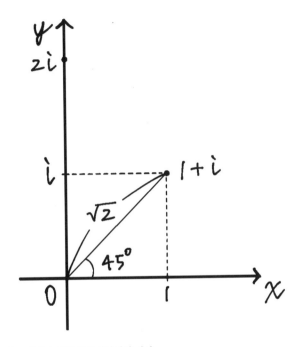

그림 10 복소수 곱셈의 기하학적인 해석.
예를 들어 복소수 $1+i$ 를 생각하면 이것은 '절대치'가 $\sqrt{2}$ 로 편각이 45°인 복소수다.
따라서 $1+i$ 를 2승 하면 대답은 절대치가 $\sqrt{2} \times \sqrt{2} = 2$, 편각이 $45+45 = 90°$ 의 복소수,
즉 $2i$ 가 된다. 이처럼 $(1+i)^2 = 2i$ 가 되는 것을 계산을 하지 않더라도
기하학적인 고찰에 의해서 알 수 있다.

는 알 수 있다.[19]

　수학은 단지 '규칙'만 따르는 것도 아니고 그렇다고 의미에만 안주하는 것도 아니다. 의미 해석을 일시 정지하고 규칙에 몸을 맡긴다. 그렇게 함으로써 인간의 인식은 서서히 확장의 여정을 걸어왔다. 그런데 규칙에 복종만 하고 있어서는 의미의 세계는 열리지 않는다. 의미가 아직 없는 상태로 여하튼 규칙과 행동을 같이해 본다. 미지의 대상을 '무의미'라고 단정하는 것도 아니고 그렇다고 해서 기지의 의미로 무리하게 돌아가지도 않는, '불가해'한 것을 '불가해'한 채로 생각하고 끈질기게 계속 행동을 같이하는 시간 속에서 새로운 의미가 부상하는 것이다.

　누군가가 바라서 근호(루트) 안에 부수가 들어온 것은 아니었다. 수학에서 인식의 확장이 결코 인간이 마음먹은 대로 진행된 것만은 아니다. 3차방정식을 풀기 위한 규칙에 따르고 착실하게 계산해 본 결과, 부수가 근호에 들어온 것이다. 그것이 얼마큼 '불가해'하고 불편하다 하더라도, 계속 행동을 같이해 본 시간 끝에 허수도 이윽고 복소평면상의 점으로서 어엿한 의미를 띠게 되었다.

　계산이 초래한 **불가해한 방문**을 두 팔 벌려 맞이하고 그것과 끈질기게 계속 행동을 같이하는 것. 그렇게 해서 인간 인식이 미치는 범위가 조금씩 갱신된 것이다.

19　[옮긴이] 수학을 공부하다가 의미를 모르게 된 순간에, 자신이 수학을 따라가지 못하게 되었다고 의기소침할 필요는 없다. 그보다는 다음과 같이 발상을 전환해 보는 것은 어떨까. 즉 수학을 따라가지 못하게 된 것이 아니라 자신이 수학과 함께 의미를 뒤에 두고 왔다고 생각해 보는 것이다.

제 2 장

유클리드·데카르트·리만

수학의 역사는 인류가 그 **인식이 닿는 범위**를
확장하기 위해 모든 수단을 다 마련해 온
역사이고 **이해하는 힘**을 확장하기 위해
개념과 방법을 설계해 온 역사다.[1]

- 제러미 아비가드

1   Jeremy Avigad. The Mechanization of Mathematics,
    Notices of the AMS JUNE/JULY, 2018. 필자 번역.

① 연역의 형성

수학은 인간 이해의 한계를 넓히기 위해서 다양한 '개념'과 '방법'을 구축해 왔다. 그중에서도 계산은 수학을 구동해 온 가장 강력한 방법의 하나인데, 계산은 연역적 증명이라는 또 하나의 방법과 서로 얽힘으로써 더욱 크게 발전해 나간다. 명시된 가설로부터 출발하여 필연적인 추론만을 의지 삼아 결론을 도출하는 '연역'deduction은 기점이 되는 가설을 인정하는 모든 사람에게 결론을 받아들이게 할 만큼 결정적인 설득력이 있다. 연역은 다른 수단으로는 결코 얻을 수 없는 확실하고 명징한 인식을 인간에 가져다준다.

고대 그리스 수학의 '원작'을 파고들기

연역이라는 추론 형식은 유클리드의 《원론》(기원전 2000년 무렵)에 아주 잘 체현되어 있다. 이 책에 등장하는 우리가 실제로 접할 수 있는 정연한 추론의 질서는 많은 후세 사람들의 마음을 매료시켰다. 따라서 중세로부터 근대에 이르기까지 특히 서구 세계에서 《원론》은 지식인의 필수 교양으로서 계속 읽혀 왔다.

미국 스탠퍼드대학의 수학사史가 레비엘 넷츠Reviel Netz, 1968~는 저서 《그리스 수학에서 연역의 형식》The shaping of deduction in Greek Mathematics, 1999에서 연역이 역사적으로 '형성'shape된 것이라는 점을 강조하면서 그 과정을 선명하게 묘사하고 있다.

이 책에서 그는 단지 남겨진 문헌을 해독하는 것뿐만 아니라 배경에 있는 수학자의 '행위'를 좇는다. 고대 그리스 수학자의 사고를 지탱함과 동시에 속박하고 있기도 하던 물질적, 역사적, 문화적 조건이란 무엇인가? 고대 그리스 수학자들이 암암리에 공유하고 있었던 실천practice(행위, 습관)은 무엇이었을까? 이러한 물음을 실마리로 삼으면서 고대 그리스에서 연역이 성립한 메커니즘을 파고든 것이다.

연역은 인간의 생득적 능력이 아니라 역사적으로 만들어진 기능skill이다. 그렇게 생각하며 넷츠는 고대 수학자들의 사고를 뇌의 바깥에서 지탱한 도구와 습관, 사회의 양상에 빛을 비춰 본다. 기존 인지과학에도 역사학의 범주에도 들어가지 않는 이러한 시도를 그는 '인지역사학'cognitive history이라고 이름 붙였다.

뇌의 바깥에서, 사고의 버팀목이 되는 '실천'의 차원에서 수학의 추론을 지탱하는 메커니즘을 해명해 나가는 것. 이것은 실로 매력적인 프로그램이다. 그런데 그렇다고는 하지만 지금 전해져 오는 고대 수학 관련 문헌은 그 어떤 것도 불완전한 데다가 단편적이라서 남겨진 단서가 얼마 되지 않는다. 하물며 문자로 기록되지 않은 '실천'에 다가서려고 한다면 그 곤란은 눈에 보는 듯 뻔하다.

그럼에도 넷츠는 착실히 알뜰한 사료 분석을 통해서 고대 그리스 수학의 살아 있는 실천의 풍경을 놀랠 정도로 훌륭하게 소생시킨다. 그가 먼저 밝힌 것은 작도된 '그림'과 구어에 의한 '정형 표현'이 어떻게 고대 그리스 수학자의 사고를 형태 지웠는지였다. 이것은 이미 졸저 《수학하는 신체》에서도 소개하였는데, 고대 그리스 수학에서 수학자의 사고는 문장과 그림을 횡단하고 있었다. 그것 자체로는 애매할 수밖에 없는 그림의 의미를 확정하는 역할을 '말'이 담당하고, 역으로 언어를 좇는 것만으로 당도하기 어려운 추론의 연쇄는 그림상에서 직접적으로 수행되었다.

그림과 말이라는 수중에 있는 인지 자원을 알뜰하게 구사하면서 고대 수학자들은 기하학적 사고의 특수한 세계를 열어젖혔다. 그리스 수학은 실제로 '특수'한 행위였다. 그 사실을 당시 그리스에 수학자가 얼마 되지 않았다는 사실이 잘 말해 주고 있다. 넷츠는 아르키메데스와 아폴로니우스 등이 활약한 고대 그리스 수학의 전성기조차도 '동지중해에 엷게 분산되어 있던' 수학자들은 다 합쳐 봤자 겨우 백 명 정도였을 것이라고 본다. 여하튼 아르키메데스 정도의 위대한 수학자조차도 자신의 저작을 읽고 이해할 정도의 소양을 가진 독자를 만나지 못했을 정도다.

> 그리스 수학은 아마추어 독학자의 실천들을 버팀목으로 삼은 행위였다…. (그리스 수학에 관해 생각할 때) '과학적인 전문 분야'라는 기대를 버리지 않으면 안 된다. 그것보다는 '지적 게임'이라고 말하는 것이 실제 모습에 가까울 것이다.

현대를 살아가는 우리가 가진 그리스 수학에 대한 이미지는 현장에서 활동하는 수학자가 아닌 사람들이 만든 것이다. 예를 들어 플라톤은 수학을 모르는 사람을 자신의 학당에 들여놓지 않을 정도로 수학을 높게 평가하고 있었다. 그의 관점은 후세에 큰 영향을 미치는데, 이러한 수학관 자체가 이른바 '원작'에 대한 '영화판'이라 불러야 하는 것으로 반드시 당시 수학의 현실을 충실히 재현하고 있지는 않다고 넷츠는 지적한다.

영화판 '수학'을 감동적인 이미지로 만든 것은 플라톤이다. 이 이미지는 오랫동안 서양 문화에 들러붙어서 '영화판에 기초한 원작의 이해'로 반복해서 서양 문화 속에 살아남았다.

그러면 '영화판'이 아닌 고대 그리스 수학의 '원작'은 어떤 것이었을까. 이것을 밝히는 것은 간단한 문제가 아니다. 여하튼 원작이 물리적으로 더는 존재하지 않기 때문에 남겨진 사본을 상호 비교 참조하고 정성스럽게 문헌을 독해함으로써 한 발짝 한 발짝 다가갈 수밖에 없다. 이 일을 위해 넷츠는 특히 그때까지 별로 거들떠보지 않았던 '그림의 교정校訂'에 정열을 쏟는다. 문자로 남겨진 기록만이 그리스 수학의 현실은 아니라고 생각한 것이다. 그림은 그것을 그린 수학자들의 신체의 연장이다. 그렇게 믿고 그는 '영화화'에 의해 왜곡되기 전 수학의 원풍경으로 육박해 간다.

연역의 대가代價

견실한 탐구 끝에 넷츠는 하나의 중대한 통찰을 얻는다. 영화화되기 전의 그리스 수학은 영화판에서 말하는 것보다 훨씬 더 풍부하고 특수한 행위였지 않았을까. 그런데 바로 이 특수성이야말로 연역의 형식을 가능하게 한 것이 아닐까. 넷츠는 이렇게 말한다.

그는 고대 그리스 수학의 전형적인 증명 중 몇 가지를 예로 들고 그 구조를 가시화하려고 시도하였다.

(1) $a = b$

(2) $b = c$

(3) 따라서 $a = c$

(4) $c > d$

(5) 따라서 $a > d$

이러한 짧은 논증의 경우 **그림 11**처럼 증명 구조를 그릴 수 있다. 이 예의 경우, 증명은 크게 나누어서 (1)·(2)→(3), (3)·(4)→(5)라는 두 가지 논증의 조합으로부터 구성된다. 논증의 전체 모습은 가정假定을 저변으로 삼고 거기서 차곡차곡 올라가서 나오는 결론을 정점으로 하는 삼각형으로 묘사된다.

이 방법으로 예를 들면 《원론》 제2권 명제 5의 증명을 그림으로 제시한 것이다(**그림 12**).[2]

증명은 왼쪽 밑에서 오른쪽 위를 향해서 몇 가지 삼각형이 늘어선 구조를 하고 있다. 두 군데만 오른쪽 밑에 '수염'이 자라고 있는 곳이 있는데, 이것은 결론을 말한 후에 이유를 설명하고 있는 곳으로 두 개의 수염을 제외하면 나머지는 곧바로 삼각형의 열이 계속 이어지고 있다. 이것이 그리스 기하학에서 나타나는 증명의 전형적인 '모습'이다.

물론 그리스 수학의 모든 증명이 이 정도로 정련된 구조를 가진 것은 아니다. 예를 들면 아르키메데스의 《방법》에 나오는 명제 1의 증명 구조를 넷츠는 **그림 13**과 같이 그림으로 표시하고 있다.

이것은 가상의 저울을 이용해서 포물선의 절편의 면적을 구하는 아르키메데스의 대표적인 정리 중 하나로, 면적을 구하는 데 가상의 저울을 사용하는 대담한 아이디어에 의외성이 있다.[3] 단 아르키메

2   작도를 통해 얻어진 두 가지 영역의 면적이 똑같아지는 것을 증명하는 명제. 대수적으로는 $(a+b)(a-b)+b^2=a^2$라는 전개식에 대응한다고 해석할 수 있는 관계가 증명된다.

3   이 정리의 증명에 관해서는 하야시 에이지(林栄治)·사이토 켄(斎藤憲) 지음, 《천 평의 마술사 아르키메데스의 수학》, 제6장을 참조하라.

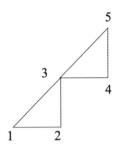

그림 11 가시화해 나타내 본 연역적 증명의 스텝.

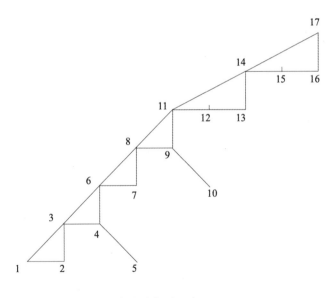

그림 12 《원론》 제2권 명제 5의 증명 구조(Netz, 1999), p. 203.

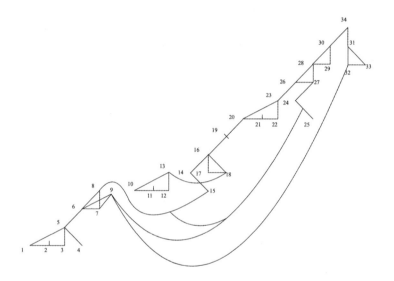

그림 13 아르키메데스《방법》의 명제-증명 구조(Netz, 1999), p. 212.

데스 자신도 이 논의를 정식 '증명'으로 간주하지는 않았던 것 같다.[4] 아르키메데스는 엄밀하게 논증하는 것보다 자신의 발견을 극적으로 사람들에게 보여주는 것에 관심이 있었을 것이다. 감동을 제공하기 위해서는 (혹은 상대방에게 감동을 주기 위해서는) 단조롭지 않은 형태로 애써 논의를 다시 짜내서 의외성을 강조하는 것이 때로는 유효하다(아르키메데스는 똑같은 명제의 좀 더 '기하학적인' 증명을 다른 저서에서 발표하였다).

　이러한 몇 가지 예외를 제외하면 그리스 수학의 논증 대부분은 **그림 12**처럼 단조롭고 정연한 구조를 하고 있다. 그런데 왜 이 정도로 정연한 구조일까? 이 이유에 관해서 넷츠는 그리스 수학이 '추이적인 관계'를 주로 다루었던 사실에 주목하고 있다. 추이적인 관계란 A와 B, B와 C의 관계가 A와 C의 관계로 귀결하는 관계이다.

　예를 들면 A < B와 B < C라는 두 가지 관계로부터는 반드시 A < C 라는 관계가 귀결된다. 따라서 '대소관계'는 추이적인 관계의 예라고 할 수 있다. 그런데 실세계에서는 이러한 추이성이 성립하지 않는 관계의 경우가 많다. 예를 들면 A가 B를 사랑하고 B가 C를 사랑한다고 해서 A가 C를 사랑한다고는 할 수 없다. **그림 12**와 같은 정연된 논증 구조는 고대 그리스 수학 특유의 인공적인 설정으로부터 부상하는 것이다.

　넷츠는 다음과 같이 썼다.

4　《방법》 명제 1의 증명 후에 아르키메데스에 의해 다음과 같은 설명이 계속된다. "이하의 정리는 지금까지 진술해 온 바대로라면 '기하학적'으로 증명된 것이 아니다. 그것이 결론이 옳다는 것을 제시하고 있다고 말할 수 있을 뿐이다"(사토 토오루(佐藤徹) 옮김, 《아르키메데스의 방법》, 도카이대학출판부).

그리스 수학의 논증의 배경에 있는 이상은 똑바로이고 중단될 일이 없는 설득의 행위다. 역설적으로 이 이상은 수학적인 논의가 모든 문맥으로부터 추상되어 실생활의 설득으로부터 분리된 인공적인 작업으로 바뀌었을 때 비로소 보다 완전한 형태로 달성된다.

똑바로이고 중단됨 없는 설득의 행위. 그 이상을 《원론》은 체현하고 있다. 그리고 이 이상이 중세로부터 근대에 걸쳐서 유럽의 많은 사람에게 영향을 미쳤다. 그런데 그것은 설득이 본래 기능해야 할 '모든 문맥'으로부터 이탈했다는 큰 대가를 치른 상태에서 비로소 성립하는 이상이었다.

Ⅱ 기하학의 해방

《원론》과 예수회

《원론》이 본격적으로 서구에 소개된 것은 의외로 늦어서 12세기가 되어서의 일이다. 동서 로마 분열 후 그리스 학술의 대부분이 동방의 비잔틴문명으로 흘러들어 가고, 라틴어를 사용하는 로마 세계에는 거의 계승되지 않았기 때문이다. 한편 중세 아라비아에서는 이미 9세기 초부터 《원론》이 아라비아어로 번역되어 수학 교육과 연구를 위한 필수 문헌이 되어 있었다.

서구 문명은 아라비아 세계를 경유해서야 비로소 본격적으로 《원론》과 만날 수 있었다. 아라비아어로부터 라틴어로의 커다란 번역 운동이 일어난 12세기 이전의 서구에서는, 겨우 해 봤자 《원론》 제1권의 정의, 공준, 공리와 약간의 명제를 포함하는 정도의 아주 단편적인 내용밖에 알려지지 않았다고 한다. 이 역사적 사실을 보면 '그리스 문명이 서구 문명으로 결코 자연스럽게 이어지지는 않았구나' 하고 새삼 느끼게 된다.

그때까지 문명사의 변방에 있었던 서구 세계가 12세기에 아라비아 세계를 통해 갑작스럽게 당시 1급의 학술을 경험하게 된 것이다. '12세기 르네상스'라 불리는 이 시대에 《원론》 전 12권의 라틴어 번역도 처음으로 이루어졌다. 이후 《원론》은 과학과 철학의 양상에 막대한 영향을 주는 '책'으로서 서구 세계로 침투해 나간다.

《원론》의 정련된 연역 체계는 로마 가톨릭교회가 통치하는 서구 세계에서는 수학에만 머물지 않는다는 상징적인 의미를 갖게 된다.

《원론》이 체현하는 고대 기하학의 세계를 가톨릭교회는 자신들이 이상으로 삼는 신성한 질서의 모범이라고 생각하였다. 그 가톨릭교회의 전통을 예수회의 교육 커리큘럼 핵심에 두려고 전력을 다한 인물이 16세기를 대표하는 수학자이자 예수회 수도사이기도 하였던 크리스토퍼 클라비우스Christopher Clavius, 1538~1611다.[5]

클라비우스는 그레고리력을 도입할 때 중심적 역할을 하였고 그 업적을 평가받아서 갑자기 중요한 지위에 오른 인물이다. 신력(새로운 달력) 도입 이전에 사용되었던 율리우스력으로는 1년이 태양년(태양이 천공의 똑같은 위치에 돌아올 때까지의 시간)보다 약 11분 길다는 문제가 있었다. 이 얼마 안 되는 어긋남이 1200년 이상에 걸쳐 축적된 결과, 16세기에는 달력 상태의 하자가 무시할 수 없는 수준으로 떨어지게 되었다. 특히 '춘분 후의 첫 만월의 날'이라고 정해져 있던 부활절의 일정은 달력상과 천문학상의 춘분 날이 어긋남으로 인해 이미 적지 않은 혼란을 야기하고 있었다. 당시 모든 그리스도교 행사는 율리우스 달력에 기초해서 이루어지고 있었기 때문에, 그리스도교권에서는 생활의 질서 자체가 '달력의 불확실험'에 계속 위협을 받고 있었다.

이런 이유로 달력을 고치는 것이 급선무였다. 그래서 이 중대한 임무의 조언 역할을 해 줄 사람으로 젊은 클라비우스에게 사람들이 주목하기 시작했다. 클라비우스는 여기서 천문학과 수학 지식을 충분히 발휘하면서 훌륭하게 업무를 수행하였다. 개력改曆—달력을 고치는 일—은 성공하고 가톨릭교회의 위신은 지켜졌다. 이때의 일을 계기로

---

[5]   클라비우스가 예수회에서 수학의 지위 향상을 위해 맡았던 역할에 관해서는 Amir Al-exandar, *Infinitesimal: How a Dangerous Mathematical Theory Shaped the Modern World* (아다치 노리오(足立恒雄) 옮김, 《무한소, 세계를 바꾼 수학의 위험한 사상》) 제2장에 상세하게 묘사되어 있다.

교회의 신뢰를 얻은 클라비우스는 그 후 교회에서 수학의 지위 향상을 위해 자신의 인생을 걸게 된다.

개력의 성공을 가져온 것도 또한 수학의 힘이라고 클라비우스는 믿었다. 종교전쟁의 폭풍이 부는 와중에 교의에 관한 논쟁은 아무리 시간이 지나도 끝날 것 같지 않아 보였지만, 엄밀한 수학적 계산을 버팀목 삼은 새로운 달력의 '정확함'은 누구도 부정할 수 없었다.

실은 클라비우스는 개력위원회에 참가하기 1년 전에 스스로 막대한 주석을 붙인 《원론》의 라틴어 번역서를 간행하였다. 《원론》의 상세한 번역을 통해서 그는 수학에 입장과 신념의 대립을 넘어서 사람을 납득시키는 강렬한 힘이 있다는 것을 간파하였다. 수학의 이 힘을 실제로 인상 깊게 보여준 것이 개력의 성공이었다. 프로테스탄트 군주들조차도 최종적으로는 새로운 달력의 정확함을 부정할 수 없었다.

이러한 수학이야말로 종교전쟁의 혼란 속에 다시 질서를 회복하는 힘이 될 수 있다. 그래서 수학은 덧거리 정도의 교양과 기술로서가 아니라 예수회 수도사를 키우는 교육 프로그램에서도 중핵으로 가르치고 배워야 한다. 개력의 성공에 동반하여 예수회 내부에서 반석의 지위를 얻은 클라비우스는 이처럼 생각하고 교육 개혁에 나섰다.

개력 완료 직후 그는 〈당 수도회 학교에서 수학의 지위를 향상하는 방법〉Modus quo disciplinas mathematicas in scholis Societatis possent promoveri이라는 제목이 붙은 문서를 쓰고, 수학의 지위 향상을 위해서 구체적으로 제언하였다. 클라비우스의 끈질기고 견실한 활동은 착실하게 효과를 거두어 17세기 초두에는 예수회가 서구의 수학 연구를 이끌 정도까지 변모하였다.

그런데 당시 예수회 수도사들이 가장 두려워했던 것은 '다양성'

과 '혁신성' 등 현대에는 오히려 '선'으로 다루어지는 가치였다. 로마 교회가 통치하는 세계의 평화에 혼란을 가져온 것은 유럽에 불어온 종교개혁의 광풍과 함께 당시 만연한 다양하고 새로운 가치관이었기 때문이다. 예수회는 이 혼란에 정면으로 맞서면서 다시 세계에 질서를 회복하려고 결속한 집단이었다. 그들은 다양한 가치가 공존하는 가운데 서로의 다양한 생각을 주고받는 민주주의를 인정하지 않았다. 그런 그들이 민주정의 토양 속에서 태어난《원론》을 소중히 여겼다는 점도 역설적이라고 하면 역설적이다. 그들 눈에는 유럽 교회의 권위와 똑같이《원론》도 또한 흔들리지 않는 불변의 진리를 체현하는 일종의 보수적인 저작으로 보였을 것이다.

클라비우스는《원론》라틴어 번역본 〈서설〉에서 다음과 같이 말하고 있다.

> 유클리드의 정리는 다른 수학자의 정리와 똑같이 수세기 전 과거 교실에서도 그랬던 것처럼, 그러한 것들의 논증이 안전하다고 본 것처럼, 오늘날에도 순수하게 진리다. (사사키 치카라佐々木力 옮김,《데카르트의 수학 사상》)

먼 과거로부터 변하지 않는 순수한 진리―고대 그리스의 수학은 유럽 그리스도교 문명의 토양 안에서, 신 아래 새로운 윤곽을 띠고 있었다.

데카르트의 기도企圖

클라비우스의 커리큘럼이 낳은 최대의 수학자는 르네 데카르트
다. 그는 예수회의 명문 라플레슈 학원에 8년 반 동안 다니면서 수학
을 배웠다. 16세기 후반 로마로부터 파급된 예수회에 의한 교육의 파
도가 때마침 프랑스까지 닿기 시작한 무렵이다.

소년 데카르트는 클라비우스가 심혈을 기울여서 개발한 커리큘
럼에 따라 최첨단의 탁월한 수학 교육을 받을 기회를 얻었다. 그것
은 단순히 기술과 지식으로서의 수학이 아니라 '잘 생각하고 잘 사는
인간'을 키우는 것을 목표로 학원이 아이들에게 가르친 수학이었다.

데카르트는 여기서 수학 이외의 학문도 얼추 배웠다. 그러나 "특
히 수학이 그 추론의 확실함과 명징함 때문에 마음에 들었다"고 《방
법서설》에서 회고하고 있다. 동시에 수학이 "기초가 제대로 되어 있
어서 견고한데도 그 위에 가장 높은 것이 아무것도 구축되어 있지 않
은 것에 놀랐다"고도 밝히고 있다.[6]

수학의 확실함과 명증함에 마음을 빼앗기고 그 영향을 수학 이
외에도 미치게 하고 싶다고 생각한 것은 데카르트도 클라비우스도 똑
같았지만, 데카르트는 수학을 더욱 좋은 사고의 '본보기'로 삼는 것만
으로는 만족할 수 없었다. 그는 수학적 사고의 본질을 하나의 '방법'으
로 추출해서 그것을 다른 학문에도 적용하고 싶었다.

보수적인 클라비우스에게는 수학을 개혁하는 것 따위는 꿈에도
생각지 못할 일이었겠지만, 수학에 잠재하는 가능성을 끌어내는 데

---

[6] 데카르트 책의 일본어 번역서는 《방법서설》(야마다 히로아키(山田弘明) 옮김, 치쿠마
학예문고)이다.

필요하다고 하면 수학을 다시 만드는 것조차 서슴지 않는 대담함이 데카르트에게는 있었다.

단 막연하게 이해하고 애매하게 납득하는 것뿐만 아니라 확실하고 명확하다고 확신하면서 엄밀하게 뭔가를 알 수 있다. 《원론》이 체현하고 있던 것은 이러한 특이한 인식의 가능성이었다. 데카르트의 야망은 기하학이 체현하는 이러한 인식의 가능성을 기하학 바깥에도 적용할 수 있는 방법으로 세련화해서 이것을 기초로 하여 '새로운 학문'을 만들어 내는 것이었다.

이 야망은 그가 23세일 때 경애하던 과학자 아이작 비크만Isaac Beeckman, 1588~1637 앞으로 보낸 편지 내용 중에 들어 있다. 여기서 데카르트는 어떠한 양에 관한 문제도 일반적으로 해결할 수 있는 '완전히 새로운 학문을 만들고 싶다'고 비크만에게 밝히고 있다. 고대 수학자들처럼 개별적 문제를 따로따로 푸는 것이 아니라 모든 문제를 체계적으로 해결할 수 있는 보편적인 방법을 확립하고 싶다고 한 것이다. 그런데 이것은 본인도 인정하고 있듯이 '터무니없이 야심 찬 기획'이었다. 그는 그 후 긴 세월을 이 기획에 매달렸다.

탐구의 여정은 평탄하지 않았다. 기하학적 인식의 엄밀함을 유지하면서 동시에 그 적용 가능한 범위를 확장해 나가기 위해서는 애당초 기하학적 인식에 고유한 엄밀함이란 무엇인가를 그리고 그것이 어디에서 유래하는지를 정확하게 간파할 필요가 있었다.

고대 그리스 수학에서 연구의 대상은 작도에 의해서 제공되었다. 그렇다고 하면 기하학적 인식의 엄밀함은 결국 작도 행위의 엄밀함에 기초할 것이다. 실제로 《원론》에서는 자와 컴퍼스를 사용해서 작도할 수 있는 그림만이 정당한 그림으로 인정받았다.

16세기 유럽에서도 직선과 원의 작도가 기하학의 기본적인 조작으로서 정당한 것이라는 생각을 의심하는 수학자는 없었다.[7] 이러한 전통을 고려하여 자와 컴퍼스의 이용으로부터 일탈하지 않는 한, 수학적 인식은 '엄밀'하다고 누구든지 안심하고 믿을 수 있었다.

그런데 자와 컴퍼스만으로는 풀 수 없는 중요한 문제가 몇 가지 있다는 것 또한 고대로부터 알려져 있었다. 특히 '3대 작도 문제'라 불리는 '원추 문제(주어진 원과 똑같은 면적의 정방형을 작도하는 문제)', '입방체 배적 문제(주어진 입방체의 두 배 체적인 입방체의 한 변의 길이를 구하는 문제)'는 모두 자와 컴퍼스만으로는 풀 수 없다고 경험적으로 알려져 있었다. 이러한 문제를 풀기 위한 궁리 과정에서 자와 컴퍼스만으로 그릴 수 없는 몇 가지 새로운 곡선도 오래전부터 고안되어 있었다.

그러면 자와 컴퍼스만으로는 작도할 수 없는 곡선 중 어디까지가 기하학의 정당한 대상이고 어디까지가 그렇지 않은가. 이것은 어려운 문제다. 애당초 직선과 원도 자와 컴퍼스라는 기구를 사용하지 않으면 작도할 수 없고, 기구를 사용해서 현실에 그릴 수 있는 직선과 원은 조금씩이긴 하지만 그릴 때마다 오차가 생긴다. 완전히 엄밀한 그림 같은 것은 있을 수 없다.

그렇다고 하면 직선과 원만이 왜 확실한 인식의 근거가 되고 그밖의 기구를 사용해서 그리는 그림은 그렇지 않다고 말할 수 있는 것일까. 혹은 직선과 원 이외에도 엄밀하게 인식할 수 있는 곡선이 있다고 한다면 그것은 어떠한 기준에 의해서 그렇게 말할 수 있는 것일까. '엄밀하게 뭔가를 안다는 것은 무슨 의미일까', '확실한 인식을 지탱하는 방법이란 무엇인가' 이러한 철학적 물음이 이후 데카르트의 수학

7   Henk J. M. Bos, *Redefining Geometrical Exactness*, p. 24.

적 연구를 추동한다. 그리고 그 과정에서 그는 기하학을 깊게 이해하려면 '대수'를 피해서 지나갈 수 없다는 것을 배운다.

기하학에서 대수를 이용한다는 발상 자체는 데카르트 고유의 생각은 아니다. 프랑스의 프랑수아 비에트François Viète, 1540~1603가 조직적으로 추구한 이래, 그 가능성은 1590년 이후의 기하학 연구를 구동하는 '제1의 원동력'일 정도였다고 수학사가 헹크 보스는 지적한다.[8]

그러나 데카르트에게 대수적 방법은 단지 수학의 문제를 풀기 위한 보조 수단 이상의 것이었다. 그는 4세기 전반에 활약한 알렉산드리아 태생 수학자 파포스Pappus가 저작에서 다룬 어떤 기하학 문제[9]를 풀려고 하는 과정에서 대수적인 사고를 경유함으로써 비로소 기하학적인 '엄밀함'의 기준을 세웠다고 깨달았다. 이 경지가 확실히 표명되는 것이 1637년의 《방법서설》에서 본론 중 하나로 발표된 저서 《기하학》이다.

기하학에서 인정되는 곡선이란 대수적인 방정식으로 표현할 수 있는 곡선이고, 이러한 것에 한정된—이것이 데카르트의 《기하학》에서 도달한 결론이다—어떤 곡선이 기하학적인 곡선이라고 인정되는지 아닌지의 기준은 어떤 기구와 방법으로 그리는 것에 의해서가 아

---

8   Henk J. M. Bos, *Redefining Geometrical Exactness*, p. 97

9   두 그룹의 직선군이 주어졌을 때 평면상의 점 C에서 첫 그룹의 직선으로부터 C까지의 거리의 면적이 두 번째 그룹의 직선으로부터의 거리의 면적과 같은 점 C가 그려 내는 궤적을 구하는 문제(엄밀하게는 파포스의 설정에서는 주어진 각도에서 점 C로부터 직선으로 뻗어나간 선의 길이를 생각하고 있기에 '거리'보다도 일반적인 조건인데, 문제의 본질은 거리만을 생각한 경우와도 다르지 않다). 이것은 원래 4세기 전반에 활약한 수학자 파포스의 저작 《수학집성》에서 다루어진 문제인데, 데카르트가 《기하학》에서 이 문제를 다룬 이후 '파포스의 문제'로 알려지게 되었다. '파포스'는 그리스어 표기이고 라틴어 표기는 '파푸스'다.

니라 그 곡선에 대응하는 (대수적인) 방정식의 유무로 결정되어야 한다는 것이다. 기하학의 엄밀함의 근거를 '작도'의 절차에서 구하는 대신 대수적인 '방정식'의 존재에서 구하는 이 시점이, 그 후 수학의 흐름을 결정지었다.

실제로 자와 컴퍼스의 조작이 엄밀하게 똑같은 귀결을 가져오는 것처럼, 방정식의 조작도 또한 정확한 계산 규칙에 따르는 한 엄밀하게 똑같은 귀결을 가져오는 것이다. 그렇다고 하면 모든 기구 중에서 유독 자와 컴퍼스만을 새삼스레 특별시하는 것은 부자연스럽다.

데카르트의《기하학》이 침투하는 과정에서 작도에 의해서가 아니라 수식을 계산함으로써 기하학을 할 수 있다는 사고가 정착한다. 기하학이라는 행위의 양상이 이렇게 서서히 고쳐쓰기를 하고 있었다. 고대의 기하학과 똑같은 확실함에 기초하면서도 이전의 기하학자들보다도 훨씬 광범위한 대상에 관해서 엄밀한 추론을 수행할 수 있다. 이것이 젊은 데카르트가 그리고 있었던 '새로운 학문' 그 자체는 아니었을지도 모르겠지만, 그의 철학이 야심차게 기도한 결과로 이후 수학의 풍경은 크게 변모한다.

Ⅲ 개념의 시대

데카르트 이후 기하학은 전통의 속박에서 풀려나며 서구 수학 고유의 새로운 영역을 개척하게 된다. 그런데 그렇다고는 하더라도 수학이 '수'와 '양' 혹은 '공간'에 관한 직관에 의존한 학문이라는 점은 그 후로도 바뀌지 않았다. 이 상황이 갑작스럽게 크게 변화하기 시작한 것은 19세기가 되어서다.

직관에 호소하지 않는다

'변화'에는 다양한 요인이 있다. 수학 내부의 사정은 물론이거니와 수학 바깥으로부터의 영향도 있다. 실제로 18세기와 19세기를 경계로 수학 연구를 지탱하는 제도에 큰 변동이 있었다. 특히 수학자가 교수로서 대학에서 강의하거나 교과서를 쓰게 된 것이 19세기 수학의 양상을 크게 바꾸었다.

18세기까지는 수학자들이 왕족과 귀족의 비호 아래 아카데미 등에 소속되어 연구에 몰두하는 스타일이 일반적이었다. 레온하르트 오일러Leonhard Euler, 1707~1783와 조제프루이 라그랑주Joseph-Louis Lagrange, 1736~1813 등이 활약한 베를린의 아카데미아와 똑같이 오일러와 다니엘 베르누이Daniel Bernoulli, 1700~1782를 옹립한 상트페테르부르크의 아카데미아 등이 18세기 수학 연구의 메카였다. 그런데 프랑스 혁명을 계기로 이러한 상황이 일변하게 된다.

프랑스에서는 혁명 후 그때까지 학문을 담당해 온 아카데미아가 폐쇄에 몰리게 되고 그 대신에 강한 국가를 만들기 위한 실용적인 수학 연구가 장려되었다. 수학자는 연구자인 동시에 교육자로서 해야 할 역할도 기대받게 되었다. 그 결과 교과서의 엄밀함과 강의의 체계성 등을 추구하지 않을 수 없게 되었다.

이러한 흐름은 수학의 다양한 개념에 관한 근본적인 반성을 재촉하는 결과로도 이어졌다. 그때까지 직관에 호소함으로써 암묵리에 공유되고 있었던 다양한 개념—예를 들면 '극한'과 '수속收束' '연속성' '미분가능성' 혹은 '실수'—에 관해서 애매한 직관에 호소하는 것과는 다른 방식으로 엄밀한 정의를 부여할 필요가 나온 것이다.

불특정 다수 학생에게 수학을 가르치는 경우, 직관적인 이해를 막연하게 나누는 것보다도 엄밀한 규칙을 정확하게 공유하는 것이 현실적이고 효과적인 경우가 있다. 수학자가 학생을 대상으로 강의하게 됨으로써 다양한 개념을 논리적인 규칙의 수준에서 재정의하는 흐름이 지지를 받게 되었다.

한편 이것은 단지 효과적으로 강의를 진행하고 좋은 교과서를 저술하기 위함만이 아니었다. 수학자의 연구 대상이 복잡하고 다양화됨에 따라서 직관적이고 모호한 개념만 갖고서는 상대할 수 없는 문제가 나왔다는 수학 내부의 사정도 있었다.

함수의 '연속성'이라는 개념을 하나의 예로 들어 보기로 하자. '함수 $y=f(x)$가 $x=a$로 연속이다'라는 것은 직관적으로는 '$f(x)$의 그래프가 $x=a$로 끊어지지 않는다'는 것이다. 현재의 고등학교 수학의 범위에서는 이것이 'x가 a와 다른 값을 취하면서 a에 그지없이 가까울 때 $f(x)$가 $f(a)$에 그지없이 가까운 것'이라는 형태로 정의된다. '그지없이 가깝다'는 표현은 어디까지나 직관에 따른 것이라서 현대 수학의 기준에서 본다면 충분히 엄밀하다고는 할 수 없다.

고등학교 수학의 범위라고 하면 앞의 '정의'로 충분할지 모르지만, 그래프가 그림이 되지 않을 정도로 복잡한 함수의 경우 이대로는 함수의 연속성을 확인할 방법이 없다. 수학의 발전과 보조를 같이하여 곡선으로 간단히 시각화할 수 없는 기묘한 함수에 관해서도 연속성과 미분가능성에 관해 고찰할 필요가 나오게 되면 종래의 정의로는 불충분하다.

19세기 초 수학에 나타난 이러한 상황을 수학사가 사이토 켄1958~은 다음과 같은 인상적인 비유를 사용하여 해설하였다.

수학이라는 밭의 흙은 이전과는 달리 자연의 나무로 만든 가래로는 감당하지 못할 정도로 딱딱한 것이었습니다. 넉가래로 개간할 수 있는 곳까지는 이미 18세기의 수학자가 개간해서 한 가지 일을 마친 상태였고, 19세기 수학자는 형식적 정의라는 이름의 철로 만든 가래를 만들어 수학이라는 밭의 딱딱한 땅을 어쩔 수 없이 개간하게 되었습니다.[10]

수학자들은 '딱딱한 땅'에 대항해야 했기에 도구를 연마했다. 예를 들어 19세기를 대표하는 수학자 중 하나인 카를 바이어슈트라스 Karl Theodor Wilhelm Weierstraß, 1815~1897는 1861년 개강한 베를린대학 강의에서 함수의 연속성을 다음과 같이 정의하였다.

a 가까이서 정의된 함수 $f(x)$에서 임의의 정수 ε에 대해서 적당한 정수 Q가 존재해서

---

10 사이토 켄(斎藤憲) 지음, 〈수학사에서 패러다임 체인지〉(《현대사상》, 2000년 10월 임시증간호).

$0 < |x-a| < \rho$ 라면 $|f(x)-f(a)| < \varepsilon$

가 성립할 때 함수 $f(x)$는 $x=a$로 연속한다.

이 정의는 언뜻 보는 것만으로는 의미가 불명확하다는 인상을 준다. 그런데 지금에 와서는 이것이야말로 현대 수학의 전형적인 정의다.

고등학교 교과서에 있는 정의와 달리 이 정의는 완전히 직관에 호소하고 있지 않다. 직관에 호소하는 듯한 말을 사용하는 대신에 '임의의', '존재', '라고 한다면' 등 논리적인 말로만 구성되어 있다. 이러한 차갑고 무뚝뚝한 정의로 비로소 모든 사람이 함수의 연속성의 유무를 똑같은 규칙하에서 기계적으로 확인할 수 있게 된다. 정의가 의도하는 '의미'를 파악하기 어렵게 되는 대신에, 역으로 논리적인 규칙에 몸을 맡기기만 하면 연속성에 관한 정확한 판단을 누구든지 확실히 내릴 수 있게 된다.

고등학교 시절까지는 수학을 잘했는데 대학에 들어가자 이러한 **직관에 호소하지 않는 정의**가 막 쏟아져 나오는 바람에 갑작스럽게 수학을 싫어하는 사람도 있다. 고등학교까지의 수학은 대부분 18세기 이전의 내용을 다루기에 수식과 계산이 중심이다. 그런데 대학 이후는 개념과 논리가 전면에 나오기 때문에 결과로 완전히 알고 있는 것을 일부러 어렵게 말을 바꾸는 듯한 인상이 들어서 당혹감을 느끼는 사람이 속출하는 것이다.

그런데 현대 수학의 이러한 정의는 수학을 어렵고 재미없는 것으로 하기 위함이 아니다. 정의에 직관적인 요소를 혼입시키지 않음으로써 이전에는 없던 정밀도와 엄밀함으로 개념을 다룰 수 있게 된다. 수학의 여러 개념을 엄밀하게 새롭게 확립하는 움직임은 19세기를 통해서 점차 세련화되어 간다. 급기야는 '수'와 '공간' 등 가장 기본적인 개념조차도 직관을 배제한 형태로 정의하기 위한 시행착오가 시작된다.

이러한 움직임의 와중에 현대 수학의 새로운 흐름을 이끈 사람이 19세기 후반 독일의 도시 괴팅겐에서 활약한 수학자 베른하르트 리만Bernhard Riemann, 1826~1866이다.

리만의 다양체

리만은 현대 수학에서 불가결한 개념을 몇 가지나 만들어 낸 수학자다. 리만적분, 리만면, 리만다양체, 리만제타함수…. 리만의 존재를 빼고 현대 수학을 말하는 것은 불가능할 정도로 그가 수학사에 남긴 발자취는 크다. 리만의 수학은 함수론, 적분론, 대수기하학, 미분기하학 등 모든 분야에 영향을 미쳤는데, 생전 그의 이름을 동시대 수학자들에게 알린 것은 무엇보다도 먼저 함수론 분야에서의 눈부신 공적이었다.

19세기 전반에는 프랑스의 오귀스탱 루이 코시Augustin Louis Cauchy, 1789~1857가 이미 복소함수 연구로 눈부신 성과를 거두었다. 여기에 복소평면의 아이디어를 가져와서 기하학적인 관점으로부터 개개의 수학을 보는 것과는 다른, 함수론으로 접근 방식을 개척한 것이 바로 리만이다.

실수 x에 다른 실수 $y = f(x)$를 대응시키는 함수를 가리켜 '실함수'라고 부른다. 여기서 실수가 수직선상에 늘어서 있다고 생각하고 변수 x를 횡축으로, 함수의 값 $y = f(x)$를 종축으로 그리면 함수의 모습을 '그래프'로 평면에 그릴 수 있다. 이것을 고등학교 시절 수학 수업 시간에 배운 기억이 있는 사람도 많을 것이다.

한편 복소수 z에 다른 복소수 $w=f(z)$를 대응시키는 '복소함수'를 생각할 때는 'x 축, y 축' 대신에 'z 평면, w 평면'을 생각할 필요가 있다. 실함수의 그래프가 두 가지 축을 연승連乘한 평면 내에서 그려졌다고 하면, 복소함수의 '그래프'는 두 가지 '평면'을 연승한 4차원 공간 안에 그려진다. 그런데 4차원 공간에 나타나는 '그래프'를 떠올리는 것은 리만과 같은 수학자에게조차도 곤란한 일이었다.

그러면 어떻게 하면 좋을까?

〈복소일변수함수의 일반론의 기초〉Grundlagen fur eine allgemeine Theorie der Functionen einer veranderlichen complexen Grosse, 1851라는 제목이 붙은 학위 논문에서, 리만은 이러한 복소함수의 이해는 '공간적 직관에 관련지으면 쉬워진다'고 지적하였다. 구체적으로는 z평면과 w평면을 각각 따로따로 생각하고 복소함수 f에 의해서 z평면의 점 z가 w평면의 점 $f(z)$로 이동하는 모습을 떠올려 보기로 하자는 것이다(**그림 14**).

이때 실수z가 z평면을 연속적으로 돌아다니면 그것에 대응해서 $w=f(z)$도 또한 w평면에 연속적인 궤적을 그린다.

리만은 이처럼 평면상의 점의 동적인 대응으로 함수를 이해하자고 제안하였다. 함수를 단순한 식으로 보는 것이 아니라 평면 간의 '사상'寫像으로 포착하는 시점은 지금에야 상식이지만 원류를 거슬러 올라가 보면 리만의 독창이다.[11]

---

[11] 리만은 '그림'과 '도표'를 의미하는 'Abbildung'을 '사상'(寫像)을 의미하는 수학 용어로 1851년 논문에서 사용하였다. 《리만의 수학과 사상》의 저자 가토 후미하루(加藤文元)는 "이 논문이 'Abbildung'이라는 말을 현대적인 '사상'에 가까운 의미로 사용한 최초의 예일지도 모른다"고 지적하였다.

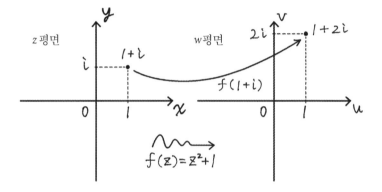

그림 14 z 평면의 각 복소수 z에 다른 복소수 $w=f(z)$를 대응시키는 복소함수 f는 z 평면으로부터 w 평면으로의 '사상'으로 이해할 수 있다. 예를 들면 z 평면에 있는 복소수 $1+i$는 함수 $f(z)=z^2+1$에 의해 위와 같이 w 평면상의 복소수 $1+2i$로 이동한다.

함수 이론을 복소수의 세계에까지 확장하면 그때까지 감추어져 있었던 "조화와 규칙성이 모습을 드러낸다"고 리만은 말한다. 나 자신도 대학에서 수학을 배우기 시작했을 때 처음에 맛본 감동 중 하나가 복소함수론과의 만남이었다. 지금까지 단지 따로따로 존재하고 있을 뿐이었던 함수들이 복소수의 영역까지 시야를 넓혀 나가면 하나의 조화로운 세계를 짜 내는 것을 알 수 있다. 직관만으로는 결코 닿지 못하는 장소에 함수들의 진짜 '있을 곳'이 있다는 것을 알게 되자 마음이 설레었다.

그럼에도 복소함수론의 건설은 많은 곤란을 내포한 큰 프로젝트였다. 먼저 복소함수에 고유한 과제로서 함수의 '다면성' 문제가 부상한다. 하나의 변수 z에 대해서 $f(z)$가 두 가지 이상의 다른 값을 취하는 함수를 '다면함수'라고 부른다. 예를 들어 $f(z) = \sqrt{z}$ 라는 함수, 즉 복소수 z에 대해서 '2승 하면 z가 되는 복소수'를 대응시키는 함수를 생각하면, 0이 아닌 z에 대해서 $f(z)$는 늘 두 가지 다른 값을 취한다. 하나의 변수 z에 대해서 마침 하나의 $f(z)$가 정해진다는 함수의 '일가성'一價性이 무너지는 이 현상은 실함수의 경우에는 큰 문제를 일으키지 않는다(앞의 예에서 보면 '평방근으로서는 정의 실수를 취한다'고 정해 두면 된다). 그런데 복소함수의 경우에는 이것이 본질적인 문제로 부상한다.[12]

---

12 예를 들면 복소수 i에 대해서 '2승을 하면 i가 되는 복소수'는 두 개 존재한다($\frac{1+i}{\sqrt{2}}$, $\frac{-1-i}{\sqrt{2}}$). 이 경우 어느 한쪽만을 선택하는 좋은 방법은 없다. 실함수의 경우와 달리 복소함수를 생각할 때에는 함수의 다가(多價)성이 근본적인 문제가 된다. 후카야 겐지(深谷賢治)가 쓴 〈리만의 이데아〉(《현대사상》, 2016년 3월 임시증간호)에 복소함수의 다가성 문제로부터 리만면의 도입까지가 간명하고 명쾌하게 설명되어 있다. 단지 대답을 내거나 계산법을 발견하는 것보다도 수학적인 사실이 성립하는 '배경과 구조'를 명료화해 나가는 리만의 수학과 사고법에 관한 산뜻한 해설이므로 독자에게도 일독을 권하고 싶다.

리만은 이 문제를 해소하기 위해 '리만면'이라는 개념을 고안하였다. 함수는 복소평면 내의 영역이 아니라 복소평면 **위에** 겹겹으로 펼쳐진 면($f(z) = \sqrt{z}$ 의 경우에는 이중으로 펼쳐진 면) 위에 정의된다는 것이다. 복소평면상의 함수라고 봤을 때는 다면성을 갖는 것처럼 보인 함수가 새로운 '면' 위에서는 일가함수가 된다.

리만은 1857년 논문에서 복소평면과 '딱 서로 겹치는 또 한 장의 면' 혹은 '어떤 한도 없이 얇은 물체'가 복소평면 위에 '펼쳐지고 있는 모습을 마음속에 그려 보자'고 제안하고 있다.[13] '한도 없이 얇은 물체'에서 '물체'란 무엇인가 천착하는 것은 쓸데없는 일이다. 이 시점에서 리만은 아직 이 개념을 엄밀하게 정의할 말조차 갖고 있지 않았기 때문이다.

리만면의 형식적인 정의가 확립된 것은 리만 자신의 착상으로부터 반세기 이상이나 지난 후의 일이다. 괴팅겐대학에서 리만 수학을 계승한 헤르만 바일Hermann Klaus Hugo Weyl, 1885~1955이 저서 《리만면》Die Idee der Riemannschen Fläche, 1913에서 이것을 달성하였다.

그때까지 리만면에 대한 수학자의 이해는 엄밀한 언어화 이전 단계에 머물러 있었다. 바일 자신의 증언에 의하면 똑같이 괴팅겐대학에서 활약한 수학자 파울 쾨베Paul Koebe, 1882~1945는 강의 중에 '손을 사용한 기묘한 제스처'로 리만면을 '정의'하였다고 한다.[14] 리만면의 아이디어는 엄밀하게 정식화되기 이전에는 이러한 신체적 커뮤니케이션을 사용해 공유하는 수밖에 없었다.

---

13   아다치 노리오(足立恒雄)·스기우라 미츠오(杉浦光夫)·나가오카 료스케(長岡亮介) 옮김, 《리만 논문집》, 아사쿠라서점.

14   Hermann Weyl, *Mind and Nature: Selected Writings on Philosophy*, p. 166

리만은 스스로의 수학적 경험을 통해서 엄밀하게 정의조차 할 수 없는 '면'을 환시하였던 것이다. 게다가 그 가상적인 면을 단서로 해서 함수론에서 미지의 영역을 열어젖혔다. 이것은 수식을 강제로 변형해서 공식을 도출하는 유형의 수학과는 전혀 다른 접근 방식이다. 수식의 배경에서 작동하는 원리를 '개념'으로 추려내서 함수론의 장치를 거기서부터 설명해 나가는 것이다. 그 방식을 '비법'이라고 부르고, 야유하거나 불신의 눈으로 보는 수학자도 있었다.[15]

그런데 공식의 발견과 단순한 문제 해결이 아니라 현상을 산뜻하게 설명하기 위한 "'개념'에 의한 사고"Denken in Begriffen[16]야말로 리만 수학의 진수다. 리만은 실제로 다양한 새로운 개념을 만들어 냈다. 그 탐구는 수학을 지탱하는 가장 근본적인 개념 중 하나, 즉 그때까지 '소여'(원래 있던 것) 취급을 받아 온 '공간'의 개념에 대한 근원적인 개념 파악으로 향하였다.

그때까지 공간의 개념을 수리적으로 정확하게 표현하고 있다고 간주된 것은 유클리드의 기하학이었다. 그래서 《원론》에서 증명되고 있는 정리들이 영원불변의 진리를 체현하고 있다고 다들 생각하고 있었다. 그런데 유클리드가 증명한 기하학의 정리가 실은 그다지 강고한 기반 위에 있는 것이 아니라는 사실이 19세기가 되자 점차 밝혀진다.

실제로 19세기 전반에 헝가리의 볼야이 야노시Bolyai János, 1802~1860와 러시아의 니콜라이 로바체프스키Nikolai Ivanovich Lobachevsky, 1792~1856가 각각 독립적으로 《원론》 제5장의 공준(평행선의 공준)을 가정하지

15   José Ferreirós, *Labyrinth of Thought*, p. 54.

16   Detlef Laugwitz, *Bernhard Riemann 1826-1866*, p. 34.

않는 새로운 기하학을 발견했다. 수천 년 동안 흔들림 없는 엄밀성을 체현한다고 다들 믿어 온 유클리드의 기하학은 유일 가능한 기하학이 아니었다.

가우스는 이 새로운 기하학의 가능성을 재빨리 통찰하고 있었던 사람 중 하나다. 그 가우스로부터 큰 영향을 받으면서 더욱 대담하게 기하학의 전통으로부터 해방을 추진한 사람이 리만이었다. 그는 '공간' 그 자체의 이해를 갱신함으로써 그때까지 기하학의 접근 방식을 근저로부터 다시 정립하였다.

리만은 공간에 앞서는 근원적인 개념으로서의 '다양체'Mannigfaltig-keit에 관해서 논하였다. 리만이 말하는 '다양체'란 공간이 거리와 각도, 구부러진 상태 등의 계량적인 성질을 띠기 전의 '확장' 그 자체로서 구상된 것이다.[17] 이것에 관해서 그는 1854년의 교수자격 신청 강연에서 역사에 남을 발표를 하였다.

〈기하학의 기초에 있는 가설에 관하여〉Uber die Hypothesen, welche der Geometrie zu Grunde liegen 라는 제목이 붙은 이 강연은 당시 수학과가 소속한 '철학부'에 소속되어 있는 구성원을 대상으로 열렸기에, 가우스도 출석자 중 한 명으로 참가하였다. 리만이 후보로 든 세 가지 주제 중에서 이 테마를 선택한 것 또한 가우스였다.

그런데 리만은 가우스와 똑같이 괴팅겐에 있긴 하였지만 직접

---

17 리만의 'Mannigfaltigkeit'는 현대의 '집합' 개념이 확립되기 전에 구상되었다. 그로 인해 집합 개념을 전제로 해서 정의되는 현대의 '다양체'(多樣体) 개념과는 구별되어야 할 것이다. 예를 들면 야스기 마리코(八杉滿利子)와 하야시 신(林晋)은 리만의 'Mannigfaltigkeit'을 '다양'으로 번역하고 양자의 구별을 강조하고 있다(《현대사상》, 2016년 3월 임시증간호). 이 책에서는 리만의 'Mannigfaltigkeit'에 관해서도 '다양체'로 번역하는데, 이 책에서 논하는 내용은 어디까지나 '집합론' 성립 이전에 리만이 구상한 '다양체' 개념이라는 것을 만약을 위해 여기에 보충해 둔다.

가우스에게 배우고 논의할 기회는 거의 없었던 것 같다.[18] 가우스는 대학에서 강의하는 것을 극단적으로 싫어해서 학생 앞에 모습을 나타내는 일이 거의 없었기 때문이다. 다카기 테이지高木貞治 1875~1960가 쓴 《근세 수학 사담》에는 1826년 서간에 기록된 가우스의 말이 소개되어 있다.

> 허공에 떠도는 정령의 그림자를 잡으려고 해서 머리가 완전히 꽉 찬 상태가 되었는데 강의 시간이 다가온다. 날아오르는 듯이 완전히 다른 세계로 마음을 향하지 않으면 안 된다. 그 고통은 말로 다 할 수 없다.

위대한 가우스의 바로 곁에 있었음에도, 리만은 이로 인해 가우스의 수학을 논문을 통해서 배울 수밖에 없었다. 그런데 교수자격 신청 강연 현장에 가우스 본인이 나타난 것이다. 수식이 거의 등장하지 않는 이날 강연의 기록을 읽으면, 리만의 관심이 복소함수론과 기하학의 틀에 머물지 않고 큰 철학적 구상을 품고 있다는 것을 알 수 있다. 실제로 리만에게 '과학'은 '정밀한 개념을 통해서 자연을 파악하는 시도'[19]였으며 수학은 그것을 위해서 기존의 개념을 수정修整하고 그리고 새로운 개념을 개발해 나가는 행위로서 철학과 분리될 수 없는 것이었다.

19세기 중반까지는 다들 수학이란 '양'(독일어 Größe/영어 Magnitude)에 관한 과학이라고 상식적으로 생각하고 있었다. 예를 들어 오

---

18   *Bernhard Riemann 1826-1866*, p.19.

19   이러한 그의 수학관은 철학자 요한 프리드리히 헤르바르트(Johann Friedrich Herbart)에게 강한 영향을 받아 형성되었다. 상세한 내용은 Erhard Scholz, Herbart's Influence on Bernhard Riemann. *Historia Mathematica* 9: 413-440. 1982.

일러는 저서 《대수학 입문》Vollständige Anleitung zur Algebra, 1770의 모두에서 '수학은 양의 과학이다'라고 명백히 말하고 있다. 그러면 애당초 '양'이란 무엇인가 하면 그냥 막연해서 포착할 수가 없다. 길이와 면적, 체적, 혹은 시간 등을 '양'의 예로써 들 수 있는데 엄밀한 정의가 있었던 것이 아니었다.

리만의 '다양체' 개념은 이 막연한 '양'의 개념을 새롭게 알아보려고 한 것이었다. 게다가 그것은 철학적 사변의 결과로 무리하게 창조된 개념이 아니었으며 함수론의 연구에 끌려서 수학 내부의 요구에 대답하는 과정에서 자연스럽게 부각된 개념이었다.

그는 먼저 복소함수에 관한 연구 과정에서 '리만면'을 구상하기에 이르렀다. 거기에는 함수와 그 함수가 정의되는 영역 사이의 관계에 주목하는 리만의 독창적인 시점의 싹틈이 있었다. 이때 함수가 정의되는 영역의 성질 중 중요한 것은 공간의 계량적인 성질에 의존하지 않는 '연결되는 상태'(현대 수학의 말로 하자면 topology-위상학)였다.

그래서 리만은 길이와 각도, 체적 등을 정의하기 위한 구조가 부여되기 전의 일반적인 '다양체' 개념에서 출발해서, 거기에 나중에 계량 구조를 첨가하는 것을 통해 구체적인 공간을 구성해 가는, 기하학으로 나아가는 새로운 접근 방식을 구상한다. 리만에 의하면 공간이란 경험을 통해서 진위를 확인할 수 있는 가설적인 구조를 다양체에 첨가함으로써 조금씩 구체화해 나가는 것이다. 이것은 공간 개념의 이해로는 완전히 혁신적인 것으로, 강연을 들은 가우스는 흥분을 감출 수 없는 모습이었다고 한다. 강연 중에 리만은 다음과 같이 말했다.

양 개념이라는 것은 다양한 규정법을 허용하는 일반 개념이 존재하는 곳에서만 성립할 수 있다. 이러한 규정법 중에 하나의 것에서 다른 하나의 것으로 연속적인 이행이 가능한지 불가능한지에 따라서, 이러한 규정법은 연속 혹은 이산적인 다양체를 이룬다. (《리만 논문집》)

의미를 파악하기 힘든 문장이긴 한데 여기서 무엇을 말하려고 하는가는 다음에 그가 드는 예가 중요한 단서가 된다.

연속적인 다양체를 만들어 내는 개념의 예 중 하나로 그는 '색채'를 든다. '색채'라는 개념에 관해서 생각할 때, 우리는 무의식 중에 마음속에 다양한 색을 떠올릴 것이다. 그러한 색채 전체는 어떤 공간적인 '확장'과 함께 연속적인 그러데이션gradation을 이룬다. 개념에 대응해서 상기되는 이러한 '확장'을 리만은 다양체라는 개념으로 포착하려고 한다. 이 경우 황록과 적자 등 개개의 색상은 색채라는 일반 개념의 '규정법'에 해당한다.[20] 그리고 이러한 구체적인 색 전체가 색채라는 일반적인 개념에 대응하는 다양체를 이룬다.

'개념'과 어떤 종류의 '확장'을 대응시키는 발상의 싹은 실은 이미 전통적인 논리학에서 '개념의 외연'이라는 생각에 나타나 있었다. 외연(영어 extension, 독일어 Umfang)이란 개념에 의해 규정되는 대상의 집합이다. 예를 들면 '10 이하의 소수'라는 개념의 외연은 소수 2, 3, 5, 7로부터 구성되는 집합이고, '자연수'라는 개념의 외연은 모든 자연수로부터 구성되는 집합이다.

영국의 수학자 조지 불George Boole, 1815~1864은 저서 《논리학의 수학적 분석》Mathematical Analysis of Logic, 1847에서 "논리학을 가능하게 하는

---

20   여기서 '규정법'(規定法)으로 번역되는 'Begstimmungsweisen'에 관해서는 논문의 영어 번역문에서는 specialization과 determination 등으로 번역되는 예가 있고, 야스기 마리코와 하야시 신은 이것을 '특정된 것'으로 번역하였다(〈리만과 데데킨트〉, 《현대사상》, 2016년 3월 임시증간호).

것은 일반적인 개념의 존재, 즉 집합class을 상상하고 그 개개의 요소를 공통의 이름으로 제시할 수 있는 능력이다"라고 썼다.

예를 들어 '모든 인간은 동물이다'라고 말할 때 인간 전체의 집합이 동물 전체의 집합 속에 포함되는 상황을 떠올릴 수 있다. 불은 개념에 대응하는 '집합'class을 이렇게 그려 내는 능력이 개념을 이용한 논리적인 추론을 가능하게 하는 전제라고 지적한다.

리만의 발상 배경에는 이러한 당시 논리학의 상식이 있었다. 리만 자신이 들고 있는 '색채'가 짜내는 연속다양체라는 예로부터도, 그가 생각하는 다양체가 개념의 외연이라는 생각과 밀접하게 관계하고 있다는 것을 읽어 낼 수 있다.

수학사가 호세 페리로스José Ferreirós는 여기서부터 리만의 다양체라는 아이디어가 모든 '개념'을 다룰 수 있는 수학적 토대로서 기도되었기에, 이것이야말로 나중에 리하르트 데데킨트Richard Dedekind와 게오르크 칸토르Georg Cantor 등에 의해 확립되는 '집합' 개념의 기원이라 볼 수 있다고 저서 《사고의 미궁》Labyrinth of Thought: A History of Set Theory and Its Role in Modern Mathematics, 1999에서 산뜻하게 논하고 있다.

일반적으로 '집합'이라 번역되는 말은 영어로는 '세트'Set 이고 프랑스어로는 '앙상블'Ensemble이다. 독일어의 경우 데데킨트는 '시스템'System, 칸토르는 '멩게'Menge 혹은 리만의 '다양체'와 똑같이 '망그파티그카이트'Manngfatigkeit를 이용했다. 이러한 사정은 일본어로 번역하고 나면 보이지 않게 되어 버리는데, 명칭의 흔들림과 다양함으로부터만 봐도 집합 개념의 확립까지의 우여곡절과 개념 간의 밀접한 상호관계를 미루어 짐작할 수 있다.

리만의 다양체는 함수론과 기하학에서 중요한 도구뿐만 아니라 현대 수학을 지탱하는 '집합' 개념의 싹으로서 수학 전체의 기초 짓기에 관련되는 아이디어이기도 하였다.

가설의 창조

하노버 왕국 타넨베르크 근교의 작은 마을에서 목사의 아들로 태어난 리만은 어릴 때부터 근면하고 내성적인, 가족을 사랑하는 마음씨 따뜻한 소년이었다. 수학에 일찍 눈을 떴음에도 불구하고 괴팅겐대학 신학과에 입학한 것은 가난한 가족을 고려한 현실적인 선택이기도 하였다. 그러나 리만은 수학에의 정열을 억누를 수가 없어 결국 아버지의 허락을 얻고 수학과로 전향한다. 그 후 물 만난 고기처럼 연구에 매진하는 날이 시작된다.

그렇다고는 하지만 당시 독일에서 학문을 계속하는 것은 쉬운 일이 아니었다. 아버지와 동생의 사후, 남겨진 누나와 여동생을 부양할 책임을 홀로 짊어진 리만에게 이는 더욱 힘든 일이었다. 지금도 좋아하는 연구를 계속해 나가는 일은 가시밭길이지만 19세기 독일 또한 리만 정도의 재능을 갖고 있어도 빈곤과 함께해야 할 정도로 학문을 둘러싼 상황은 만만찮았다.

리만이 30대 중반이 된 무렵에야 겨우 그의 명성이 알려지기 시작했고 생활도 안정되었다. 똑같은 시기 괴팅겐대학에 있었던 수학자 스테른Stern은 이 무렵의 리만이 수학하는 모습을 평하면서 나중에 "카나리아처럼 노래하고 있었다"[21]라고 말하였다. 리만은 수학하는 기쁨을 온몸으로 표현하고 있었을 것이다.

---

[21] 《클라인 19세기의 수학》(공립출판), p. 254.

그런데 행복한 나날은 길게 가지 못했다. 1862년 여름 늘 병약하였던 리만의 몸 상태가 현저하게 악화하기 시작하였다. 가슴막염을 앓고서 이것을 계기로 폐에 병이 자리 잡기 시작했다. 의사는 요양을 위해 기후가 좋은 땅에서 잠시 머물 것을 권유하였다.

조언에 따라 리만은 몇 번인가 이탈리아로 여행을 떠났다. 남쪽 나라의 기후와 풍토를 경험하니 확실히 기분이 밝아지는 느낌이 들었다. 여행하는 날을 진심으로 즐거워하면서 한 번 체재할 때마다 몇몇 도시를 돌아볼 정도였는데, 이탈리아와 괴팅겐을 왕복한 일이 역으로 그로부터 서서히 체력을 빼앗고 있었다.

리만이 죽음에 접어든 것은 1866년 초여름, 세 번째 이탈리아 여행 중의 일이다. 이탈리아 북부 마조레Maggiore 호반에서 '귀의 역학'이라는 제목이 붙은 논문 작성에 몰두하고 있었던 무렵이다.

리만의 절친인 수학자 데데킨트는 평온하게 죽음을 받아들이는 청년으로 그의 마지막을 기록하고 있다.[22] 그 기록에 의하면 호반에 서 있는 무화과나무 아래서 아름다운 광경을 내려다보면서 리만은 아내의 손을 잡고 "우리 아이에게 키스를"이라는 말을 남기고 조용히 숨을 거두었다고 한다. 그의 나이 39세. 생전에 발표한 논문의 수는 얼마 되지 않았지만, 그 모든 것이 후세에 큰 영향을 남겼다.

고등학교 때까지는 수학 수업에서 리만의 업적을 만날 기회가 없다. 아니 리만은 고사하고 리만의 수학에 결정적인 영향을 미친 가우스의 업적조차도 거의 등장하지 않는다. 겨우 나온다고 해 봤자 '복소수 이야기' 정도로, 대학에서 수학을 배우지 않는 한 수학에 관한 지

---

[22]   데데킨트가 쓴 리만의 전기 〈헤른하르트 리만의 생애〉는 《리만 논문집》 권말에 부록으로 수록되어 있다.

식의 대부분은 18세기 이전의 수학 이야기로 그치고 마는 것이 실정
이다.

왜 고등학교에서 19세기 이후의 수학을 배울 기회가 없는 것일까?

그냥 대놓고 말하자면 '어렵기' 때문일 것이다. 그러나 그 어려
움은 수식이 복잡해진다든지 증명이 길어진다든지 그런 표면적인 '난
해함'만은 아니다. 수식과 계산이 아니라 개념에 뿌리내린 수학적 사
고—거기에 리만이 열어젖힌 수학 고유의 재미와 어려움이 있다.

일상생활에서 개념의 의미를 근본적으로 고쳐 쓸 필요에 내몰리
는 경우는 일단 없다. 양이란 무엇인가. 공간이란 무엇인가. 시간이란
무엇인가. 수란 무엇인가. 막연하기는 하지만 우리는 그 나름으로 이
런 개념들을 알고 있다고 생각하면서 살고 있기 때문이다.

그런데 일상에서 개념의 의미의 안정성은 우리가 가설의 '가설
성'에 무자각하다는 것의 동전의 뒷면과 같은 것이기도 하다. 여하튼
"공간에는 '거리'가 없어도 좋을지도 모르겠다"와 같이 일상에서 의심
을 하기 시작하면 사는 일이 예삿일이 아닐 것이다. 우리는 어느 정도
타성화된 행위의 습관과 의미가 고정화된 개념에 둘러싸여 그것들의
보호를 받으며 생활하고 있다. 이러한 상식적인 '앎'은 일상의 한정된
문맥 속에서는 의지가 되지만 일단 기지의 문맥을 떠났을 때는 통용
되지 않는 일도 있다.

예를 들어 극단적으로 작은 세계와 극단적으로 큰 세계에 관해
서 우리는 옳게 추론할 수 없다. 인간에게 가까운 스케일의 경우 유
클리드 기하학이 지금도 통용되지만, 시공의 대역적 구조와 양자 수
준의 구조에 관해서는 유클리드 기하학으로는 의미 있는 이론을 구
축할 수 없다.

실제로 아인슈타인의 상대성 이론은 리만이 구축한 공간 개념이

있고 나서야 비로소 성립한다.

　　이것이 우리가 살고 있는 우주의 대역적인 구조에 관해 얼마나 정치한 이해를 가져왔느냐는 그 후의 역사가 제시해 주는 대로다.

　　다음 장에서 살펴볼 내용인데, 철학자 칸트에게 공간은 **직관의 아포리아 형식**으로서 이미 사람에게 부여된 것이었다. 이에 비해서 리만은 우리가 능동적인 가설 형성을 통해서 주체적으로 공간 개념을 갱신하고 수정해 갈 수 있는 존재라고 자각하였다.

　　수학은 단지 주어진 개념으로부터 출발해서 추론을 거듭해 가기만 하는 행위가 아니다. 사람은 기지의 개념에 잠재하는 '가설성'을 들추어내서 거기서부터 새로운 개념을 형성할 수 있다. 단지 엄밀하고 확실한 인식을 만들어 내는 것뿐만 아니라 누구도 알지 못했던 미지의 개념을 만들어 낼 수 있다는 의미에서, 수학은 아주 창조적인 활동이다.

제 3 장

수가 만든 언어

플라톤에서 비트겐슈타인에 이르기까지
역사상 유명한 철학자들에게 수학이 중요한
것으로서 계속해서 존재한 이유는 무엇일까.
그리고 많은 경우, 수학이 그들의 철학 전체에
영향을 미쳐 왔는데 그것은 왜일까.

… 그것은 먼저 첫 번째로 그들이 수학을
실제로 체험하고 그것을 아주 불가사의한
것으로 생각하였기 때문이다.[1]

-이언 해킹

---

[1]   이언 해킹(Ian Hacking, 1936~) 지음,《수학은 왜 철학 문
       제가 되는가》, 카네코 히로유키(金子洋之)·타쿠로 오니
       시(大西琢朗) 옮김.

수학은 현실을 묘사하기만 하는 언어도 아니고 그렇다고 단순한 지적인 퍼즐도 아니다. 수학은 종종 인간이 그때까지 경험한 적 없었던 새로운 인식의 가능성을 개척해 왔다. 고대 그리스의 논증적인 기하학은 **확실하고 명석한 인식**이 있을 수 있다는 것을 인간에게 가르쳐주었다. 인간의 인식은 통상 애매하고 막연한 것밖에 없지만 그럼에도 생활하고 인식하는 데에는 충분하다. 그런데 고대 그리스 기하학의 특수한 설정하에서는 누구든지 '확실'하다고 믿을 수 있는 논증을 수행하는 것이 가능하다.

고대 그리스의 기하학에 깊게 매료된 데카르트는 수학과 철학이 서로 얽히는 인식의 확실함과 명석함을 보다 넓은 문맥으로 확대하려고 하였다. 수학과 철학이 서로 얽히는 탐구는 이윽고 대수적 방법을 대담하게 기하학에 가져오는 새로운 수학으로 결실을 보았다. 이것이 그 후의 근대적 자연과학의 초석이 되었다. 사람은 기하학의 도형에 관해서 뿐만 아니라 자연에 관해서도 또한 확실하고 명석한 지식을 얻을 수 있다. 이 확신이 근대적 과학의 성립을 지탱하고 있다.

물론 수학이 추구해 온 것은 인식의 확실함뿐만이 아니다. 리만은 독창적인 개념을 도입해서 수식의 계산만으로는 포착할 수 없는 수학의 구조에 다가설 수 있게 되었다. 수학자가 확실한 추론만을 거듭하는 것은 아니다. 때로는 완전히 새로운 개념을 만들어 내어 놀랄 만한 발견을 우리에게 선사한다.

그런데 데카르트가 추구한 인식의 확실함과 리만의 수학으로 상징되는 인식의 확장성과 생산성은 어떻게 해서 양립하는 것일까. 확실함만 존재하고 새로운 것을 가르쳐 주지 않는 인식은 수학이라 부를 수 없고, 발견과 놀라움이 있어도 확실함이 동반되어 있지 않다고 하면 수학과는 언뜻 비슷해 보이나 다른 행위일 뿐이다. 확실함과 확장성이 동시에 성립할 때라야 수학을 수학이라고 부를 수 있다.

그러면 과연 인식의 확실함과 확장성은 어떻게 해서 양립할까. 이 문제를 철저하게 탐구한 사람이 철학자 임마누엘 칸트1724~1804다.

《순수이성비판》

칸트는 수학자도 아니고 수학의 본질을 해명하는 것만을 사명으로 삼았던 철학자도 아니다. 그럼에도 19세기 수학의 눈부신 발전과 이 발전을 이끈 수학자들의 사고를 이해하려고 할 때 칸트의 사고를 피하고 지나갈 수는 없는 노릇이다.

애당초 수학과 철학은 지금보다도 훨씬 가까운 관계에 있었다. 데카르트와 라이프니츠가 활동하던 시대에 수학자가 철학자인 경우는 드물잖은 일이었다. 19세기에 이르러서도, 예를 들면 리만의 수학이 체현하고 있는 것처럼 수학과 철학은 더욱 밀접한 관계에 있었다.

리만의 스승에 해당하는 가우스도 칸트를 열심히 읽고 그의 사상을 비판적으로 넘어서려 했다고 한다.[2] 근본에서 새롭게 태어나려고 한 19세기의 수학을 인솔하는 선구자들 중 많은 수가 칸트의 철학을 배우고 이것을 강하게 의식하면서 사상을 키우고 있었다.

이만큼 후세 수학자들에게 큰 영향을 준 칸트의 사고란 어떠한 것이었을까. 필자가 그 열매 풍부한 사고의 전모를 말하는 것은 불가능한 일이지만, 여기서 주목하고 싶은 것은 인식의 확실함과 확장성의 양립이라는 문제에 그가 어떤 대답을 준비하고 있었는지이다. 이

2   곤도 요이치(近藤洋逸) 지음, 《신기하학사상사》, p. 100.

것은 실제로 칸트의 《순수이성비판》Kritik der reinen Vernunft 1781, 87의 주요한 과제 중 하나였다.

그 전에 데카르트는 이 문제에 어떻게 대답했을까. 데카르트는 인식의 확실함을 집요하게 추구한 결과, 인식에서 '경험'의 역할을 과소평가하게 되었다. 그로 인해 인식의 생산성과 확장성, 즉 사람이 '처음에는 몰랐던 것을 왜 새롭게 알 수 있는가?'를 설명하는 것에 관해서는 난처한 입장에 내몰리게 되었다. 데카르트에게는 최종적으로 인간의 정신에 수학적인 관념을 각인하는 '신'이 인식의 생산성의 궁극의 근거였다. 역으로 말하자면 신을 가져오는 수 이외에 그가 수학적 인식의 생산성을 기초 지을 방법은 없었다.[3]

데카르트와는 역으로 경험의 역할을 과잉으로 강조하면 이번에는 인간의 인식 생산성은 설명할 수 있어도 확실함을 지탱하는 기반

---

[3]   [옮긴이] 무릇 시작이란, 특히 역사적 시작이란 응석둥이 짓을 싹둑 잘라내고 난생처음으로 교문을 들어서는 학령기의 아동처럼 그렇게 씩씩한 단절의 표정을 보이지 않는다. 흔히 역사적 단절이란, 역사의 흐름새에 찍혀 있는 경계선을 가리키는 것이 아니라 그러한 단절을 바라는 선구자들의 자의식 속에 세워져 있는 바람벽을 가리키는 것이다. 그러나 그러한 자의식조차도 '단절'이라는 낱말의 울림에서처럼 분명한 향배를 보이지 않는다. 가령 베이컨과 데카르트, 베살리우스와 보일, 케플러와 뉴턴 등 새 시대의 새로운 시작을 위한 자의식이 대체로 분명했던 선구자들조차도, 어느 구석에서든 그리고 어떤 모습에서든 과거와 미래, 전통과 변혁의 틈 사이에서 이중성과 분열성을 보이고 있다. 베이컨의 소위 '이중진리설'(Theory of Double Truth)은 이러한 이중성의 대표적인 사례다. 그는 이성의 진리와 계시의 진리를 구별하고, 철학은 이성에 의존하는 활동인 반면 '신 존재 증명'을 제외한 나머지 모든 신학적 탐색은 계시의 영역에 속한다고 분류했다. 이로써 베이컨은 종교, 신학의 그늘로부터 안전하게 빠져나와 철학, 과학의 정당성을 확보하려고 한 셈이었다. 알다시피 파스칼은 종교적 회심으로 인해서 자신의 과학적 귀재(鬼才)를 포기하고 명상, 봉사, 그리고 수신의 삶으로 종신(終身)했는데, 볼테르의 지적처럼 이는 자신의 구원을 위해서는 다행한 결심이었는지 모르지만 인류의 지성사를 위해서는 불행한 일이었다. 이 점에서 보일은 합리적인 인물이었다. 그는 파스칼과는 달리 1640년 여름에 있었던 종교 체험 이후에도 종교와

을 잃고 만다. 경험에 의존하는 인식은 필경 우연적이고 상대적인 것에 지나지 않기 때문이다.

수학이 실제로 확실한 것뿐만이 아니라 놀랄 정도로 생산적이라는 것은 칸트 시대에 이미 의심할 여지가 없었다. 데카르트의 수학은 라이프니츠와 뉴턴에 의한 미적분학을 생산했고, 18세기에는 수식을 자유자재로 다루는 라그랑주와 오일러 등에 의해서 근대 수학의 큰 꽃으로 피어났다. 예를 들면 오일러가 만들어 낸 놀랄 만한 공식들은 그가 그것을 계산해서 보여줄 때까지 아무도 알지 못했던 진실을 열었다. 지수함수와 삼각함수의 의외의 연결을 밝히는 '오일러의 공식'[4] 등은 그러한 놀랄 만한 공식의 전형적인 예 중 하나이다.

이러한 발견은 필연적이고 보편적이고 게다가 의외의 놀람으로 가득한 수학의 위대한 성과라고 할 수 있을 것이다. 그런데 왜 이러한

과학 중 어느 한쪽에 빠지지 않고 둘 사이의 긴장을 창조적으로 견뎌냈다. 점성술을 딸에 비유하고 천문학을 어머니에 비유하여 '딸이 없으면 어머니가 굶는다'고 변명한 천문학자이자 점성술사인 케플러의 태도에서도 선구적 근대인의 분열된 자의식을 엿볼 수 있다. 당시의 새로운 과학과 기존의 신학 사이의 마찰을 조정하려는 소심한 고민을 떨쳐 버리지 못했던 근대 철학의 아버지 데카르트는 이 이중성의 전형이라고 할 수 있겠다. 데카르트의 소위 '수학적 경험주의'(mathematical empiricism)에는, 그의 철학 일반이 어느 정도 그러하듯이 다소 이중적인 구석이 있다. 그의 신학은 신의 측량할 수 없는 섭리와 의지를 강조하는 주의론에 기운다. 그러나 그의 유명한 수학주의(mathematicism)가 이 주의론적 자의성을 참을 수 없었을 것은 자명할 것이므로, 그는 마침내 '신은 결국 인간을 속이지도 또 인간이 이해할 수 없는 것을 마음대로 창조하지도 않는다'는 자구적 변명을 늘어놓아 수학적 필연론으로 복귀하고 만다. 이것은 방법적 회의의 인식론이 신학적 형이상학으로 변질해 가는 그의 철학 일반을 연상시킨다. 다행인지 불행인지, 데카르트의 천재는 너무 소심하였다고 할까.

[4] 오일러가 발견한 공식은 아주 많은데, 그중에서도 '오일러의 공식'으로서 가장 잘 알려져 있는 것이 '$e^{i\theta}=\cos\theta+i\sin\theta$'다. 특히 이 공식에 $\theta=\pi$를 대입하면 $e^{i\pi}=-1$이라는 관계가 도출된다.

것이 가능한 것일까. 인간의 인식은 왜 필연성과 보편성을 가지면서 동시에 확장적일 수 있는가. 칸트는 이 난문에 정면으로 도전하였다. 그리고 신중하게 연마된 하나의 '해답'을 제시하였다. 이것이 그의 주저 《순수이성비판》이 달성한 중요한 지점 중 하나였다.

《순수이성비판》이라고 하면 수많은 철학 고전 중에서도 가장 유명한 작품 중 하나인데, 내용이 난해해서 쉽게 읽어 낼 수 있는 책은 아니다. 한편으로 그렇다고 아주 엉뚱하고 기묘한 것을 주장하는 저작도 아니다. 오히려 칸트의 사고는 현대의 상식에도 꽤 침투되어 있으므로 **어디가 굉장한가**를 적절하게 파악하는 것이 어렵다고 말할 수 있을지 모르겠다. 칸트를 읽는 어려움은 난해한 어법과 추상적인 논의뿐만 아니라 우리 자신이 자각하지 못한 사이에 이미 칸트의 영향을 꽤 받았다는 점에도 또한 유래하는 것은 아닐까 생각한다.

여하튼 여기서는 그런 칸트의 철학 중에서도 수학에 관련된 인식론으로 목표를 좁혀서 논의의 요지를 확인해 보기로 하자.

인간의 인식 메커니즘에 육박하려고 한 칸트는 먼저 인식이란 인식에 앞서서 존재하는 무엇인가를 단지 곧바로 받아들이는 행위가 **아니라고** 주장한다. 오히려 인식이란 인식하는 행위에 의해서 대상을 만들어 가는 행위라는 것이다.

인식의 대상은 인식하는 행위와 함께 만들어지는 것이다. 그는 이 과정을 묘사하기 위해서 '감성'과 '지성'이라는 두 가지 능력을 준별해서 양자가 협동하는 과정을 그린다. 감성이란 다양한 감각기관을 통해서 외부 세계로부터 들어오는 데이터를 받아들이는 능력이다. 감성을 통해서 사람은 먼저 대상에 대한 표상을 '직관'直觀한다. 일단 직관된 내용은 '개념'에 의해서 판단으로 새롭게 만들어진다. 지성이란 직관된 내용을 소재로 삼아서 개념을 구사하면서 판단을 만들어 내는 능력이다.

여기까지 이미 '지성'과 '감성', '직관'과 '개념' 등 몇 가지 아주 무거운 용어가 나오기 시작해서 독자를 지치게 만들지 모르겠다. 칸트의 논의는 치밀하고 섬세하게 전개되기 때문에 이러한 용어를 완전히 회피할 수는 없는 노릇이다. 그런데 그렇다고는 하더라도 너무 세부를 추구하려고 하면 난해한 용어의 진흙탕에 발이 빠질 위험성도 있다.

그래서 여기서 상세하게 용어를 해석하는 것을 피하고 먼저 결론부터 말하자면, 인간 인식의 확장성의 근거를 칸트가 '직관'이라는 계기에서 찾고 있다는 것이다. 단 그가 말하는 '직관'Anschauung은 일종의 번뜩임을 시사하는 일상용어인 '직관'과는 의미가 다름을 만약을 위해 강조해 둔다. 외부 세계의 대상으로부터 도래하는 다양한 감각 데이터를 **직접적으로 받아들이는 것**을 칸트는 '직관'이라고 불렀다.

예를 들어 사과를 인식할 때 우리는 먼저 감성을 통해서 사과의 막연한 인상을 '직관'한다. 즉 사과가 우리에게 가져다 준 다양한 종류의 물리적 자극을 감각기관을 통해서 '직접' 받아들인다. 이때 직관된 채로 있는 사고는 아직 잡다한 감각적 인상의 다발에 지나지 않는다. 직관된 내용을 '사과'라는 '개념' 아래 정리하는 지성의 작용을 통해서 비로소 "이것은 사과다"라는 판단이 태어난다.

이러한 감성과 지성의 협동으로 만들어진 사과에 대한 인식이 인식하는 우리의 행위와는 독립된 '사과 그 자체'(칸트의 말로는 '물자체')에 이르는 일은 없다. 그것은 인식 주체에 의해서 만들어진 주관적인 것이라는 의미에서 어디까지나 '현상'에 지나지 않는다.

그런데 혹여 인간의 인식이 주관적인 것이라고 한다면 이미 인식의 필연성과 보편성은 단념할 수밖에 없는 것 아닌가. 그런데 그렇지 않다는 점에 인식의 중요성이 있다.

인식은 물론 주관적인 프로세스다. 그런데 그 주관적인 인식이 **보편적인 틀**(이것을 칸트는 '형식'이라고 부른다)에 의해서 규제된다는 것이다. 구체적으로 어떠한 틀 아래에 인간의 인식이 질서 지워지는 것일까. 칸트는 '감성'과 '지성' 쌍방에는 각각에 이것을 묶는 몇 가지 기본적인 '형식'이 있다고 한다.

감성에는 '공간'과 '시간'이라는 두 가지 형식이 있다. 감성을 통해서 뭔가를 직관할 때 우리는 언제나 시간과 공간의 틀 속에서 직관하고 있다. 좀 더 적극적으로 말하자면 시간과 공간이라는 틀 안에서만 인간은 '일'과 '사물'에 관해서 직관할 수 있다고 칸트는 말한다. 이 의미에서 시간과 공간은 직관되어야 할 내용에 앞서서 직관의 양상을 규정하고 있는 '형식'인 셈이다.

지성에도 또한 그 작용을 규제하는 틀이 있다. 이것을 칸트는 열두 가지 '범주'로 열거한다. 공간과 시간이라는 틀 바깥에서 감성 데이터를 받아들일 수 없는 것과 똑같이, 지성의 작용에 의한 판단도 또한 미리 결정된 범주 바깥으로는 나갈 수 없다.

'있는 그대로의 세계(물자체)'의 인식을 손에서 놓는 대신에 칸트가 주장한 것은 '나에게 세계(현상)'가 나타나는 방식을 결정하는 '규칙'을 특정하는 것이다. 주관을 객관과 일치시키는 것이 아니라 모든 주관적 인식을 만들어 내는 메커니즘의 공통성을 찾아내서, 그렇게 함으로써 객관성을 기초 지으려고 하는 전략이다. 만약 이것이 가능하면 인식은 주관적이기 **때문에** 객관적이라는 의외의 결론이 도출된다. 칸트가 《순수이성비판》에서 우리에게 보여주는 것은 다름 아닌 이러한 공교한 논의다.

왜 '확실'한 지식은 증가하는가?

여기서 다시금 첫 번째 물음을 상기해 보기로 하자.

인간의 인식은 왜 필연성과 보편성을 계속 가지면서 동시에 확장적일 수 있는가?

이 물음에 칸트는 나름 대답하려고 시도하였다.《순수이성비판》에서는 이 물음이 다음과 같이 정식화되어 있다. 즉 선험적a priori 종합판단은 어떻게 가능한가?

이것은 일견 포착하기 어려운 문장인데 조금씩 곱씹어 보기로 하자.

먼저 a priori라는 말은 '~하기 전에'를 의미라는 라틴어로 '경험에 앞서는' 혹은 '경험과는 독립된'과 같은 의미로 칸트가 빈번하게 사용하는 '말'이다 '~후에'를 의미하는 아포스테리오리(a posteriori: 후험적)는 역으로 '경험에 의존한다'는 것을 의미한다.

그러면 '종합판단'이란 무엇인가. 이것은 대립하는 '분석판단'과 함께 당시의 논리학과 관계가 있는 개념이다. 단 한마디로, '논리학'이라고 하더라도 칸트 시대의 논리학은 현대의 논리학과는 꽤 다르다. 칸트는《순수이성비판》에서 실제로 논리학이 아리스토텔레스 이후 '한 걸음도 진보할 수 없었다'고 지적하고, 논리학은 이미 '자기 완결하고 완성되고 있는 것처럼 보인다'고까지 말하고 있다. 칸트는 나아가 논리학이 학문의 '뜰의 일부분을 이루고 있을 뿐이다'라고, 비웃는 것처럼 받아들일 수 있는 말조차 흘린다. 논리학은 이미 오래전에 완성된 학문이고, 엄밀함이라는 점에서는 탁월해도 적용 범위가 너무 좁다는 것이 당시 논리학에 대한 그의 솔직한 인상이었다.

이 장에서 앞으로 보게 될 것인데, 19세기에 논리학은 크게 변모

한다. 이 원동력 중 하나가 바로 칸트의 철학에 대한 비판으로부터였다. 이러한 의미에서 칸트의 일의 연장선상에서 논리학의 혁명이 일어났다고도 할 수 있다. 그런데 칸트는 물론 그런 미래 같은 것을 알 방법이 없었다.

칸트가 알고 있었던 논리학은 명제를 '주어-술어'의 구조에서 포착하는 아리스토텔레스 이래의 전통을 답습하고 있었다. 칸트가 '분석판단'과 '종합판단'이라고 말할 때, 그는 이러한 전통적인 명제의 분석을 염두에 두고 있다. 구체적으로는 명제에 나타나는 술어가 주어 개념에 포함되는 판단을 '분석판단'이라고 부른다.

예를 들면 '인간은 동물이다'라는 판단은 '인간＝이성적인 동물'이라는 개념에 포함되어 있는 '동물'이라는 술어를 끄집어내고 있는 것뿐이기 때문에 '분석판단'의 예라고 할 수 있다. 이는 주어 개념에 미리 잠복하고 있는 개념을 '해명'하고 있다는 의미에서 '해명판단'이라 불리는 경우도 있다.

다음으로 '인간은 어리석다'는 판단을 생각해 보기로 하자. 이것은 칸트가 말하는 '종합판단'의 예다. 왜냐하면 '어리석다'라는 술어는 '인간'이라는 개념의 정의에는 포함되어 있지 않기 때문이다. '인간'은 어리석다는 판단은 명제의 형식적 분석에 의해서가 아니라 경험에 의해 도출된다. 경험에 의해서 나오는 직관이 주어 개념과 종합됨으로써 비로소 판단이 수행된다. 주어 개념에는 없었던 새로운 개념을 추가함으로써 사람의 앎은 확장된다. 이러한 의미에서 칸트는 이것을 '확장판단'이라고도 부른다.

대략적으로 말하자면 다음과 같다.

분석적≒논리적 절차에만 의존≒비확장적(해명적)

종합적≒논리적 절차 이외에 직관을 사용≒확장적(생산적)

이러한 대응관계가 있어서 '선험적 종합판단이 어떻게 해서 가능한가'라는 물음은 결국 '경험에 의존하지 않지만 동시에 확장적(생산적)인 판단은 어떻게 해서 가능한가'를 묻는 것이 된다.

애당초 선험적 종합판단이 가능한 것 자체를 칸트는 조금도 의심하지 않았다. 왜냐하면 수학에서 판단하는 모든 것이 그 예라고 믿고 있었기 때문이다. 예를 들어 칸트는 '5+7=12'라는 판단을 예로 들고 있다. '5'와 '7'을 더하는 관념을 아무리 분석해 보아도 거기서부터 12라는 숫자는 나오지 않는다. 따라서 이것은 분석판단이 아니라 종합판단의 예다. 게다가 단지 경험에 의존한 우연적인 명제가 아니기 때문에 **선험적인** 종합판단이라고 할 수 있다.

그러면 왜 논리적인 분석만으로는 도출할 수 없는 '5+7=12'라는 판단이 동시에 선험적일 수 있는 것일까?

칸트는 다음과 같이 말한다.

사람은 덧셈을 할 때 먼저 손가락과 작은 돌을 이용해서 직관 안에 '5'와 '7'이라는 개념에 대응하는 표상을 만들어 내어 그것에 의지하여 계산을 할 것이다. 이렇게 '5'와 '7'이라는 개념에 직관에서 표상을 할당하는 과정을 칸트는 '개념의 구성'이라고 부른다. 수학적인 앎의 종합성을 지탱하고 있는 것은 손가락을 구부리든 작은 돌을 나열하든 혹은 그림을 그리고 수식을 종이 위에 써 내려가든, 모두 다 직관에서 개념을 구성하는 이러한 프로세스라고 칸트는 주장하였다.

물론 이때 작은 돌의 크기와 그려지는 직선의 폭, 기호의 색깔 등 구성된 대상의 후험적a posteriori 성질은 판단에 영향을 주지 않는다. 즉 수학적인 개념의 구성은 어디까지나 **선험적인 직관**에서 수행된다. 이렇게 칸트는 논하였다.

이러한 논의가 과연 얼마큼 설득력이 있는가에 관해서는 의문의 여지가 있다. 실제로 이러한 칸트의 논의를 비판적으로 넘어서는 것이 새로운 수학의 철학을 만들어 내는 원동력이 된 면도 있다. 그런데 당면 여기서 초점을 맞추고 싶은 것은 칸트가 필연적이고 보편적인, 게다가 확장적인 수학의 인식을 지탱하는 토대로서 '직관'을 발견하고 이것을 확실히 명시했다는 것이다.

수학은 단지 논리적 분석만이 아니며 그렇다고 경험에 의존하는 임기응변적이고 불확실한 행위도 아니다. 그것은 직관에서 개념을 구성해 나가는 다이내믹한 프로세스를 통해서 필연적이고 보편적이면서도 게다가 확장적인 인식을 만들어 내는 특이한 이성의 행위다. 이것이 칸트가 그려 낸 '수학상'이었다.

수학이 엄밀할 뿐만 아니라 확장적일 수 있다는 것의 수수께끼─칸트는 이것을 직관이라는 인식의 계기에 초점을 맞춤으로 설명해 나가고자 하였다. 그것은 초월적인 '신'의 존재에 호소함으로써밖에 인식의 확장성을 설명할 수 없었던 데카르트의 논의에 비하면 큰 전진이라고 말할 수 있을지 모르겠다. 그런데 19세기 독일을 중심으로 돌연 일어난 수학의 변화는 칸트가 그리는 수학상을 근본에서부터 무너뜨렸다.

프레게의 인공언어

공간과 수의 직관을 기반으로 수학의 계산을 통해서 문제를 해결해 나간다. 칸트가 눈앞에서 본 것은 이러한 수학이었다. 그런데 19

세기 수학자들은 직관에 의존한 추론을 신중하게 수학에서 배제하려고 하였다.

기하학이 그때까지 자명시된 유클리드의 공리로부터 해방되면서, 직관으로는 포착하기 힘든 세계가 갑자기 펼쳐지기 시작했다. 한편 연속성과 미분가능성 등 그때까지 직관적으로 파악되고 있었던 다양한 종류의 함수의 성질이 직관에 호소할 수 없는 방법으로 새롭게 정의되었다. '수학의 엄밀화'라 불리는 19세기 수학의 큰 추세는 수학에 직관이 기여할 여지를 신중하게 삭제해 가는 과정 그 자체였다.

그런데 직관이 기여하는 여지를 삭제하더라도 수학의 생산성과 확장성은 손상 받지 않았다. 오히려 19세기만큼 수학이 풍부한 개념을 만들어 내고 눈부신 성과를 만들어 낸 시대는 없었다. 인식의 확장성을 직관의 작용에 귀착시킨 칸트의 논의는 현실의 수학을 앞에 두고 설득력을 잃어버렸다.

애당초 칸트가 인식의 확장성을 뒷받침하기 위해서 직관을 끄집어낼 필요가 있었던 것은 논리에는 인식을 확장하는 힘이 없다고 빨리 결론 내려 버렸기 때문이다. 그런데 만약 논리가 그가 생각하고 있던 것만큼 빈약하지 않고 훨씬 강력할 수 있다고 한다면—이때 칸트가 전제로 한 '분석'과 '종합'의 구별은 갱신에 내몰리고 수학에 대한 다른 관점이 부상할 가능성이 나온다.

바로 이 가능성에 주목해서 스스로 새로운 논리학을 구축함으로써 여기에 도전한 것이 이 책의 주역이 되는 독일의 수학자 고틀로프 프레게Friedrich Ludwig Gottlob Frege, 1848~1925다.

프레게는 독일 발트해에 접한 비스마르Wismar라는 항구 도시에서 문필가이자 사립 여자고등학교 교장이었던 아버지와 같은 학교의 교사였던 어머니 밑에서 태어났다. 어릴 때부터 내성적이고 적극적이지 않은 성격이었던 아들을 걱정한 엄마는 아들에게 도회의 대학을 피해 예나대학에 입학할 것을 권유하였다.[5]

예나대학에서 수학과 철학을 배운 프레게는 그 후 괴팅겐대학에서 수학 박사 학위를 취득하고 다시 예나대학에 돌아온다. 그리고 남은 생애 대부분을 여기서 지냈다. 학생 시절 그는 당시 최첨단의 수학을 배우고 수학자로서 경력을 쌓아 갈 생각이었는데, 최종적으로는 수학에 매진하기보다는 오히려 수학이라는 학문의 본성을 철학적으로 구명하는 길로 깊게 들어가게 되었다.

프레게가 살았던 19세기에는, 수학적 사고를 지탱하는 기초 개념을 해명해 나가는 것이 수학자들에게 관심 사안이었다. 그러한 시대의 흐름을 받아들여 리만이 '공간'과 '양'이라는 근본적인 개념의 규명으로 향하였고, 그때까지 '기하학'이라 불리고 있었던 학문의 양상 그 자체를 고쳐 쓰게 된 것은 이전 장에서 봤던 그대로다. 프레게는 바로 이 리만이 활약한 괴팅겐에서 학문의 세례를 받았다. 리만이 '공간'과 '양' 개념의 기초에 깊게 파고든 것처럼 프레게 또한 '수'라는 개념의 근본적인 규명에 나섰다.

수학 전체의 근저에 있는 '수' 개념 그 자체는 무엇에 의해 지탱되고 있을까? 칸트는 이것에 대해서 '선험적인 직관'이라는 해답을 제시했다. 프레게는 이 답에 만족할 수 없었다. 직관에 의거하지 않고 얼마큼 풍부한 수학을 만들어 낼 수 있는가를 동시대의 수학이 또렷이 말하고 있었기 때문이다. 수 그 자체도 직관에 따르지 않고 논리에만 의존해서 기초 지을 수 있지 않을까. 프레게는 그렇게 생각하였다. 그리

5   노모토 가즈유키(野本和幸) 지음, 《フレーゲの論理·数学·言語の哲学(프레게의 논리·수학·언어의 철학)》, 인문과학연구: 그리스도교와 문화(48). 55-101, 2016-12.

고 이 가설을 실증해서 보여야겠다고 생각하였다.

그런데 이 일을 하려면 먼저 수학자의 사고 자체를 과학적 분석에 견딜 수 있는 형태로 고쳐 쓸 필요가 있었다. 종종 비약과 애매함이 있는 자연언어에 의한 증명은 그대로는 엄밀한 분석에 버틸 수 없다. 그래서 증명을 틈이 없는 추론의 연쇄로서 다시 쓰기 위해 새로운 전용 언어를 만드는 것이다.

이 '언어'를 만들 수 있으면 각 증명이 어떤 전제에 따르고 각각의 정리가 궁극적으로 무엇을 근거로 하고 있는가를 손바닥 안을 들여다보듯 선명하게 특정할 수 있을 것이다. 그렇게 해서 만약 증명이 논리 법칙과 논리적인 정의 이외의 전제 없이 수행할 수 있다는 것을 알게 되면 증명된 명제는 **논리에만 의존한다.** 즉 칸트의 말로 하면 **분석적인 진리**라고 말할 수 있다.[6] 역으로 증명 과정에 논리 법칙도 아니고 논리적 정의도 아닌 무엇인가가 섞여 들어온다는 것을 알면, 증명된 명제의 진리성은 논리 이외의 것에 의존한다. 즉 **종합적인 판단**이라고 할 수 있다.

어떤 경우든 수학적인 진리가 무엇에 의해 기초 지워지는가를 철학적인 고찰에만 의지하지 않고 그에 적합한 언어를 이용한 엄밀한 검증으로 확인해 보려고 한 것이 프레게의 시도였다.[7]

---

[6]   엄밀하게 말하자면 프레게의 '분석'과 '종합'의 구별은 칸트의 그것과는 달랐다. 칸트가 주어-술어 구조를 가진 명제의 내용에 기초해서 분석과 종합의 구별을 설정한 것에 비해서 프레게는 특정한 판단을 정당화하기 위해 논리적인 법칙과 정의만으로 충분한지 아닌지 하는 점을 분석성과 종합성을 나누는 기준으로 생각했다.

[7]   '산술적 진리가 선험적인지 후험적인지, 종합적인지 분석적인지와 같은 물음에 여기서 그 대답을 갖고 있다. 왜냐하면 이러한 개념 자체가 철학에 속한다고 해도, 나는 역시 수학의 조력이 없으면 그 결정을 내릴 수 없다고 믿기 때문이다'(《산술의 기초》 제3절).

프레게 자신도, 기하학이 종합적인 학문이라 생각했던 점에서는 칸트와 똑같은 의견이었다. 그런데 프레게는 수가 다루는 '산술'에 관해서는 다른 생각을 하고 있었다. 산술의 정리 증명에 종종 직관이 섞여 들어오는 것은 수학을 기술하기 위한 언어가 불완전해 그런 것 아닐까? 보다 적절한 언어 체계하에서는 산술의 정리를 논리적인 개념에만 의거한 정의로부터 출발해서 논리 법칙만을 사용하면서 증명할 수 있지 않을까? 요컨대 **산술은 논리학의 일부와 다름없다**[8]고 입증할 수 있지 않을까? 이렇게 생각한 것이다. 1879년 봄에 간행된 《개념기법−산술식 언어를 모조한 순수한 사고를 위한 하나의 식 언어》 Begriffsschrift, eine der arithmetischen nachgebildete Formelsprache des reinen Denkens [9]는 프레게가 이 가설을 검증하기 위해서 1부터 만든 '언어'를 보여주는 획기적인 저작이다. 논리학의 법칙에만 지배된 자신이 만든 인공언어를 조작하면서 프레게는 직관적으로 확실하다고 생각되는 명제의 증명을 논리학의 법칙에만 의거해서 담담하게 써 내려갔다.

이 소책자 서문에서 그는 '생활언어에 대한 개념표기의 관계는 그것을 현미경의 눈에 대한 관계에 비유해 보면 가장 알기 쉽게 된다'고 썼다. 프레게가 구축한 것은 개념을 구성하고 거기서부터 치밀한 추론을 전개해 나가기 위한 완전히 새로운 언어였다. 이것에 의해서 일상언어에서는 애매하게 되고 감추어져 있던 논리 구조가 마치 현미경을 들여다보듯이 선명하게 부각된다는 것이다.

애당초 일상언어는 수학을 하기 위해서 만들어진 것이 아니다.

---

8   이 주장은 나중에 '논리 주장의 테제'라고 불리게 된다.

9   [옮긴이] 한국어판 전용주 옮김, 《개념표기-수리학의 공식 언어를 본뜬 순수 사유의 공식 언어》, 이제이북스, 2015.

일상의 사고와 대화는 필연적으로 보편적인 진리 같은 것은 조금도 목표로 하고 있지 않다. 그래서 통상의 언어에만 의지하는 한 수학과 같은 섬세한 추론이 필요하게 되는 장면에서 종종 치명적인 틀림과 비약이 발생한다.

예를 들면 독자가 이하 두 가지 주장의 차이를 곧바로 판별할 수 있을까?

(1) 어떠한 유한의 양에 대해서도 그것보다 작은 양이 존재한다.
(2) 어떤 유한의 양보다도 작은 양이 존재한다.

일견 양자의 의미 차이는 알기 어렵다. 실제로 19세기 이전에는 수학자조차도 (1)에서 (2)를 도출하는 오류를 종종 범하고 있었다고 한다.[10] 문제는 통상의 언어만 갖고서는 명제가 갖는 논리적인 구조의 차이가 부각되는 일은 없다는 것이다. 위 두 가지 주장은 현대적인 논리학의 기법을 사용하면 각각 다음과 같이 표현할 수 있다.

(1′) $\forall a \exists b \;\; b < a$
(2′) $\exists b \forall a \;\; b < a$

여기서 '∀'라는 기호는 '전칭양자화'라고 불리고 '∀a'라고 쓰면 '어떤 a에 관해서도'라는 의미가 된다. 그리고 '∃'는 '존재양화자'라고

10 P. T. Geach, *Logic Matters*에는 이러한 틀린 추론의 실례가 몇 가지 소개되어 있다. 여기서 든 예는 기시의 저작으로부터 인용하는 형태로 이이다 다카시(飯田隆)의 《언어철학대전 I》에 소개되어 있다.

불리고 '∃*b*'라고 쓰면 '어떤 *b*에 관해서'라는 의미가 된다.[11]

이처럼 (1) (2)를 (1′) (2′)의 형태로 고쳐 써 보면 양자의 차이가 양화자가 적용되는 순서의 차이로서 부각된다.

(1′)의 경우는 먼저 처음에 적당하게 *a*가 선택된 **후에** 그것보다 작은 *b*의 존재를 말할 수 있다는 것을 주장하고 있는데, (2′)의 경우는 *a*가 선택되는 것에 **앞서서** 어떤 *a*보다도 작은 *b*의 존재를 말할 수 있다고 주장하고 있다. 따라서 (2′)의 경우가 (1′)보다 주장으로서는 강하다. 이렇게 말로 설명하면 복잡한데 적절한 기호언어를 사용하면 차이는 일목요연해진다.

(1)을 (1′)로 다시 쓰고, (2)를 (2′)로 다시 써 봄으로써 자연언어인 채로는 숨겨져 있던 명제의 논리 구조를 드러나게 할 수 있다. 이처럼 다중으로 양화자를 포함하는 구조를 파악하고 그러한 명제 간의 논리적인 관계를 분석할 수 있는 체계를 처음으로 구축한 것이 논리학에서 프레게의 최대 공적 중 하나다.

수학의 명제에 잠재하는 논리 구조를 부각시켜 나가기 위해서는 거기에 걸맞은 '기법'이 필요하다. '개념표기'란 바로 이를 위해 프레게가 1부터 만들어 낸 기법이었다. 그는 이것을 이용해서 수학의 증명

---

[11]   실제로는 *a*와 *b*가 무엇이든 상관없는 것이 아니라 이 경우는 '길이'를 나타내는 실수를 생각하고 있으므로 실수 전체의 경우를 나타내는 기호 R을 이용해서 단지 '∀*a*'와 '∃*b*'라고 쓰는 대신에 '∀*a*∈R' '∃*b*∈R'과 같이 표기함으로써 '어느 실수 *a*에 관해서도' 혹은 '어떤 실수 *b*에 관해서도' 같은 내용을 표현할 수 있다.

전체를 표현할 수 있는 새로운 '언어'를 구축해 나간다.[12]

이 새로운 언어를 만들어 낸 전제로서 프레게는 먼저 명제를 '주어-술어'라는 형태로 포착하는 전통적인 논리학의 발상을 버릴 필요가 있었다. '주어-술어'라는 관점에 근거 없이 집착하는 것이야말로 명제 구조의 파악을 방해하고 있다고 그는 간파하였다.

예를 들어 '2020년 미국 대통령 선거에서 조 바이든이 도널드 트럼프에게 승리하였다'라는 명제와 '2020년 미국 대통령 선거에서 도널드 트럼프가 조 바이든에게 패배하였다'라는 두 가지 명제를 생각해 보기로 하자. 이때 '주어-술어' 구조에만 착목하면 두 가지 명제는 다른 명제로 보인다. 그런데 논리적인 관점에서 보면 두 가지 명제의 내용은 똑같다. 첫 번째 명제로부터 귀결하는 모든 것은 두 번째 명제로부터도 귀결하고 그 역도 또한 마찬가지다. 즉 논리적인 추론 능력에만 주목할 때 이러한 두 가지 명제를 구별하는 의미는 없다. 프레게의 말로 하자면 앞의 두 가지 명제는 똑같은 '개념내용'을 갖는다.

프레게가 추구하였던 것은 애매함과 장황함으로 넘치는 자연언어의 결점을 보정하고 명제의 개념내용**만을** 기술할 수 있는 세련된 논리언어였다. 이것을 위해서는 먼저 명제를 '주어-술어'라는 형식으로 포착하는 관점을 손에서 놓을 필요가 있었다.

그러면 '주어-술어' 형식 대신에 어떻게 명제를 파악하면 좋을까? 프레게는 명제를 '항과 함수'라는 시점에서 다시 포착한다. 예를

---

[12]   이이다 다카시가 쓴 〈논리의 언어와 언어의 논리〉(《정신사에서 언어의 창조력과 다양성》, 게이요대학 언어문화연구소, 2008)는 프레게의 《개념기법》을 '언어'라고 불러도 좋은지의 문제를 고찰한다. 이이다는 개념기법이 기존 언어에 부가되는 단순한 표기법 체계도 아니고, 기존의 언어 표현을 새로운 표현으로 바꾸기만 한 방법이 아니라 수학의 증명 전체를 표현하기 위한 기호 체계라는 의미로 이것이 '언어'로 불릴 자격이 있다고 논하고 있다.

들어 프레게 자신이 들고 있는 예를 보기로 하자.

카이사르는 갈리아를 정복했다.

이 문장을 생각해 보자.[13] 이때 '카이사르'를 주어로, '갈리아를 정복했다'를 술어로 보는 것이 기존의 '주어-술어' 형식에 기초한 문장 파악이다. 그런데 프레게는 여기서

(   )은 갈리아를 정복했다.

와 같은 공란을 동반하는 미완결의 문장을 본다. 이 공란을 '카이사르'라는 고유명으로 '충당'하면

카이사르는 갈리아를 정복했다.

와 같은 완결된 문장이 만들어진다. 그것은 마치

$2 \cdot (\quad)^3 + (\quad)$

라는 '함수'의 공란에 구체적인 항으로서, 예를 들면 수 1을 입력해서

$2 \cdot 1^3 + 1$

13   이 예는 프레게의 강연 〈함수와 개념〉(1891)에 나온다.

이라는 식이 얻어지는 프로세스와 유사하다.

프레게는 수뿐만 아니라 '카이사르'와 같은 인물조차 '항'으로 허용하는 함수의 개념을 확장해서 '항과 함수'라는 시점을 문장의 분석에까지 응용하려고 한다. 명제를 지그시 보고 있다가 어느 때인가 프레게가 그것을 함수로 본 것일 게다. 똑같은 명제를 앞에 두고 그때까지 모두가 '주어-술어'의 구조밖에 인정하지 않았는데, 프레게에게는 이것이 함수로 보였다. 이 배경에는 프레게의 독창성뿐만 아니라 당시 수학의 걸음이 있었다.

한마디로 '함수' 또한 역사를 통해 그 의미가 크게 변화해 왔다는 것이다. 수학의 문맥에서 '함수'function라는 말을 처음으로 사용한 것으로 보이는 라이프니츠는 뉴턴과 함께 미적분학의 창시자로도 알려져 있는데, 그의 미적분학은 어디까지나 구체적인 평면곡선을 대상으로 한 계산 기법으로 명확한 함수 개념 위에 구축된 것은 아니었다.

미적분학의 발전과 함께 점차 함수 개념의 중요성이 인식되면서 이것과 함께 다양한 정의를 시도하게 되는데, 오랫동안 '함수'로는 어디까지나 특정한 연산 규칙으로 구축된 식으로 표현할 수 있는 것만이 고찰의 대상이었다. 이 수준의 시점에 머무는 한, 명제를 함수로 보는 프레게의 시점은 열리지 않는다.

프레게는 함수를 단지 수식으로 표현되는 것이 아니라 '항과 그것에 대응하는 값을 일의적으로 대응 짓는 대응의 법칙'[14]으로 보았다. 이처럼 구체적인 곡선과 수식에 묶이지 않는 것으로 함수를 보는 시점이 18세기부터 19세기에 걸쳐서 서서히 형태를 갖추게 된다.

복소함수를 복소평면 사이의 '사상'으로 포착하는 리만의 관점

---

14 《산술의 기본 법칙》 제1절.

은 이러한 자유로운 함수에 대한 시점 중 하나의 결정적인 도달점이라고 할 수 있다.

그는 함수를 단순한 곡선으로도 수식으로도 보지 않고, 두 가지 영역 사이의 대응을 정하는 규칙으로서 그려 냈다. 이것은 집합으로부터 집합으로의 '사상'으로서 파악되는 현대의 함수관에 가깝다.

명제를 '항'과 '함수'로 분해하는 프레게의 시점도 또한 이러한 일반성이 높은 함수 개념을 배경으로 해서 비로소 가능하게 되는 것이다. 만약 프레게가 칸트 시대의 수학밖에 몰랐다고 한다면 그 역시 고전적인 명제의 시점으로부터 자유로울 수 없었을 것이다.

개념의 형성

명제의 '주어-술어' 구조에 의한 분석으로부터 '함수와 항'에 의한 분석으로. 일견 이것을 사소한 관점의 변경 그 이상 그 이하도 아닌 것으로 생각할지 모르겠지만 이 시점의 변경이 논리학에 혁명을 가져왔다.

실제로 앞에서 본, 다중으로 양자화를 포함하는 명제의 논리 구조를 정확하게 표현하기 위해서는 '함수와 항'이라는 관점이 필요하다. 나아가 프레게의 이러한 분석 방법도, 수학에서 '개념형성'의 메커니즘도 세상에 등장하게 된다. 이것은 수학적 인식의 생산성과 확장성의 문제를 생각하려고 할 때 아주 중요한 점이다.

종래의 수식을 사용한 수학에서는 새로운 개념의 도입이라는 중요한 장면에서 일상언어에 의지할 수밖에 없었다. 수식의 조작 자체가 기호로 만들어져 있더라도 연속성과 극한, 미분가능성과 함수 등의 개념을 도입할 때는 자연언어에 의지할 수밖에 없었다. 그런데 이러한 개념이 되었을 때야 수학자의 인식이 확장되어 가는 것 아닐까.

프레게가 만들려고 한 것은 소여의 개념으로부터 기계적으로 추론하는 것만으로 이루어진 시스템이 아니었다. 그는 수학이 분석적임에도 **불구하고** 확장적이라는 것을 제시하고자 하였다. 그러기 위해서는 '개념의 형성'이라는 계기를 정확하게 포착할 수 있는 언어를 만들 필요가 있었다. 이 점이 앞선 모든 기존의 논리학자와 프레게의 시도 사이의 결정적인 차이였다.

같은 시대에 논리학의 갱신을 목표로 하고 있었던 것은 프레게뿐만이 아니었다. 예를 들면 영국의 조지 불은 프레게의 도전에 앞서서 이미 '논리대수'라 불리는 독자의 형식논리 체계를 구축하고 있었다.

단 불의 체계는 어디까지나 소여의 개념을 기점으로 한 논리적인 추론을 대수적인 계산으로 표현하는 것이었다. 개념의 형성 그 자체를 기술할 수 있는 '내용을 동반하는' 언어는 아니었다. 이것은 아리스토텔레스로부터 불에 이르기까지, 프레게 이전의 모든 논리학에 공통적인 한계였다. 거기서는 소여의 개념이 결합됨으로써 명제와 판단이 형성된다고 보고 개념의 형성 그 자체에 관해서는 특별한 주의가 향하지 않았다.

프레게는 여기에서 중대한 논리학의 결함을 보았다. 그래서 그는 소여의 개념으로부터 판단을 구축해 나가는 (개념→판단)이라는 상식을 역전시켜서 (판단→개념)이라는 방향으로, 즉 **판단의 분석에 의해서 개념을 형성하는 방향**으로 논리학을 다시 구축하려고 하였다.

'판단의 분석에 의해 개념을 형성한다'는 것이 구체적으로 어떤 것일까? 프레게는 다음과 같은 예를 든다.

'$2^4 = 16$'이라는 판단을 생각해 본다. 이 판단은 몇 가지 방법으로 함수와 항으로 분해할 수 있다. 예를 들면 2을 치환 가능한 '항'이라고 생각하면 이 판단은 함수 '$x^4=16$'과 항 '2'로 분해된다. 이렇게 해서 함수 '$x^4=16$'이 나타나는 개념 '16의 4승근'을 얻을 수 있다.

혹은 4를 치환 가능한 항으로 하면 함수 '$2^x=16$'에 의해서 표시되는 개념 '2를 밑변으로 하는 16의 대상'을 얻을 수 있다. 이처럼 판단을 기점으로 해서 함수와 항에 의한 분석을 거침으로써 개념을 형성할 수 있는 것이다.

프레게는 생전에 간행되지 않았던 논문 〈불의 논리 계산과 개념기법〉에서 '실로 풍부한 개념형성'의 실례로서 극한과 함수의 연속성 등의 개념을 개념기법을 사용해서 실제로 기술해서 보여주고 있다(다음 쪽 **그림 15**). 프레게는 역사상 처음으로 이러한 개념을 일상언어에 의거하지 않고 논리학의 언어에만 의지해서 표현할 수 있다는 것을 제시하였다. 이렇게 해서 기술된 개념들이 단지 소여 개념의 병렬과 결합에 의해 얻을 수 있는 것이 아니라는 점이 중요하다.

프레게가 '생산적인 개념 확정'은 '지금까지 전혀 제공되지 않았던 경계선 긋기'[15]라고 말할 때, 그가 염두에 둔 것은 생산적인 개념을 형성하는 방법을 갖고 있지 않았던 기존 논리학에 대한 불만이었다.

예를 들어 '동물'이라는 개념의 외연을 A, '이성적'이라는 개념의 외연을 B로 해서 각각 같은 원으로서 그렸다고 하자(다음 쪽 **그림 16**). 이때 A와 B의 '논리곱'으로서 얻을 수 있는 것이 '인간'이라는 개념의 외연이다. 불의 논리대수에서는 이것이 A와 B의 곱 AB로 쓰이고 그림으로는 원 A와 B의 공통 부분에 대응한다. 여기서는 '동물'과 '이성적'이라는 두 가지 개념의 논리곱에 의해서 '이성적 동물' 즉 '인간'이

---

15   《산술의 기초》제88절.

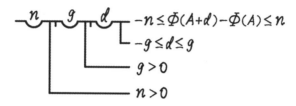

그림 15 '함수 $\emptyset(x)$=A의 연속'을 개념기법으로 쓰면 위와 같이 된다.

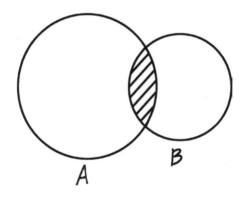

그림 16 '동물'이라는 개념의 외연 A와 '이성적'이라는 개념의 외연 B가 겹치는 영역이 '인간'이라는 개념의 외연에 대응한다.

라는 개념이 만들어진다. 그런데 결과로서 형성되는 '인간'이라는 개념은 '이미 주어진 개념의 경계의 일부로부터 만들어지는 것'에 지나지 않는다.[16]

이에 비해서 함수의 연속성과 극한값 등을 개념기법으로 기술할 때, 수중에 있는 경계선을 사용해서 새로운 개념의 경계선이 만들어지는 것은 아니다. 논리적인 언어에 의해서 '지금까지 전혀 제공되지 않았던 경계선'을 긋는 것이다.

이러한 '열매 풍부한 개념'의 형성으로부터 출발해서 거기서부터 뭔가를 추론할 수 있는지는 '미리 내다볼 수 없다'. 그래서 설령 순수하게 논리적인 규칙에 따르는 것만으로도 인식이 확장되는 경우가 있다. '풍부한 개념'의 정의를 기점으로 한 논리적인 추론은 논리적인 규칙에만 의존한다는 의미에서 어디까지나 분석적임에도 불구하고, 개념 간의 생각지도 못한 논리적인 연결을 보여주고 놀람과 발견을 가져온다는 의미에서는 확장적이기도 하다.

예를 들어 복소평면, 리만평면의 도입에 의해 수학적 인식이 얼마큼 확장되었는가를 떠올려 보기 바란다. 인식을 확장하는 잠재적인 계기는 생산적인 개념의 정의 안에 이미 포함되어 있다. 그런데 그것은 '종자 안의 식물과 같은 것으로이지 가옥 안의 들보와 같은 것으로는 아니다'라고 프레게는 말했다.

---

16   〈불의 논리 계산과 개념기법〉, 《프레게 저작집 1 개념기법》에 수록.

'마음'에서 '언어'로

개념기법은 어휘, 문법 규칙, 추론 규칙까지 모든 것이 명시된 인 공언어로는 인류사상 처음이었다.[17]

여하튼 사람들은 그때까지 자신이 사용하고 있는 언어의 어휘도 문법도 추론 규칙도 그 전모를 파악하지 않은 채 사용하고 있었다. 애 당초 자연언어를 지배하는 규칙에 모든 것을 명시하는 것은 아예 불 가능할지도 모른다. 그런데 특별히 설계된 인공언어에 관해서라면 그 것이 가능하다 생각하고, 프레게는 그것을 만들어 보임으로써 우리에 게 제시하였다.

그런데 진정으로 혁신적인 일에 대한 반응이 종종 그런 것처럼, 프레게의 논리학에 대한 주위의 반응도 냉소적이었다. 너무나도 선진 적인 비전은 많은 오해를 낳고 너무 혁신적인 '기법'의 디자인이 점점 프레게의 저서를 멀리하게 만들었다.

예를 들면 '어떤 a가 존재하고 $\emptyset(a)$가 성립한다'는 명제는 지금 이라고 하면 $\exists a \emptyset(a)$라고 쓸 수 있는데 프레게의 기법에서는 **그림 17** 처럼 표기되었다. 'A라면 B'라는 명제는 지금이라고 하면 A→B라고 쓸 수 있는데 프레게는 **그림 18**과 같이 썼다. 곧바로 의미를 읽어 낼 수 없는 이러한 기법으로 가득한 저작은 수학자들로부터도 철학자들로 부터도 경원시되었다.

그럼에도 그는 끈질기게 탐구를 계속하였다. 새로운 인공언어

---

17   19세기 후반에는 에스페란토어 등 국제적인 커뮤니케이션을 쉽게 하기 위한 언어가 여러 가지 고안되었다. 그런데 이러한 언어의 경우 문법이 완전하게 명시된 것은 아니 었다. 이다 다카시는 이 의미에서 프레게의 언어야말로 '어휘와 문법과 의미가 명시 적으로 지정된 최초의 언어'라고 《논리의 언어와 언어의 논리》에서 강조하고 있다.

그림 17 '어떤 a가 존재하고 $\varnothing(a)$가 성립한다'를
개념기법으로 쓰면 위와 같이 된다.

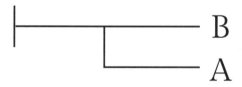

그림 18 'A라면 B'를 개념기법으로 쓰면 위와 같이 된다.

를 장착한 프레게는 이것을 사용해서 산술이 논리학으로 환원될 수 있음을 제시하는 것을 목표로 삼았다. '논리주의'라 불리는 이 구상을 정성스럽게 묘사한 것이 프레게의 두 번째 작품인 《산술의 기초》die Grundfragen der Arithemetik, 1884다.

《산술의 기초》는 익숙하지 않은 기법으로 가득한 《개념기법》에 비해서 명쾌한 독일어로 쓰인 읽기 쉬운 책으로 나중에 프레게의 사상을 탐구하는 사람들에게 영향을 남긴 명저다. 이 책에서 그는 수에 관해서 끈기 있는 고찰을 신중하게 하고 있다.

책의 모두에서 그는 먼저 '수 1이란 무엇인가'라는 물음을 들고 누구 한 명 이에 관한 만족할 만한 대답을 내놓지 않은 현상을 부끄러워해야 할 일로 한탄한다. '개념기법'을 만들어 낸 프레게는 이 물음에 정면에서 대답할 준비가 되어 있다고 자부하고 있었다.

'수'란 애당초 무엇인가? 이 물음에 대해서 당시 나와 있던 모든 해답에 그는 만족하지 않았다. 특히 수의 의미를 경험에 귀착시키려고 하는 경험주의와 마음에 떠오르는 어떤 관념과 이미지에 환원하려고 하는 심리주의에 대해서는 일관되게 엄한 자세를 보였다.

수는 마음에 떠오르는 주관적인 심상이 아니다. 수는 그런 애매한 것이 아니다. 수는 산술이라는 과학에 의해서 연구되어야 할 객관적인 대상이다. 이처럼 프레게는 확신하고 있었다.

그런데 만약 수가 물리적으로 존재하는 것도 아니고 마음의 내면에 생성하는 것만도 아니라고 한다면, 사람은 도대체 어떻게 해서 수를 파악할 수 있는 것일까?

프레게는 다음과 같이 대답한다. 즉 우리는 '수를 포함하는 명제의 의미'를 통해서 '수의 의미'를 파악하고 있는 것이라고. 《산술의 기초》의 한 절에서 프레게는 다음과 같이 쓴다.

명제라는 연관에서만 '말'은 뭔가를 의미한다. 따라서 문제가 되는 것은 수사數詞가 나타나는 명제의 의의를 설명하는 것일 게다. (62절)

숫자를 하나하나 고립시켜서 의미를 묻기 때문에 '심리주의'에 빠진다. 고립된 개개의 수의 의미를 묻는 대신에 수는 '문장이라는 맥락=문맥'에서야 비로소 의미를 갖는다고 이해해야 한다. 이것을 '문맥 원리'라 부른다. 이후 프레게의 탐구를 이끄는 지침이다. 《산술의 기초》에서 그는 이 방침에 따라 수의 '정의' 탐구로 향한다.

프레게는 산술의 모든 정리를 논리적인 원리만으로 도출할 수 있다는 것을 제시하려고 하였다. 그것을 위해서는 먼저 논리적 개념 만을 사용해서 수를 정의할 수 있다는 것을 제시해 보여줄 필요가 있었다. 그러면 어떻게 하면 수를 정의할 수 있는 것일까?

'수'는 어딘가에 존재하는 것이 아니기 때문에, 수를 가리켜 "이것 이 수입니다"라고 선언할 수는 없는 노릇이다. 문맥원리를 존중한다 고 하면 목표로 해야 할 것은 '수사가 나타나는 명제의 의의'를 확정하 기 위한 규준을 제시하는 것이다. 주목해야 할 것으로, 지금까지 프레 게의 논의를 더듬어 보면 '수란 무엇인가'라는 당초의 물음이 '수사가 나타나는 명제의 의의'의 확정이라는 언어 차원의 물음으로 바뀌었다 는 것을 볼 수 있다. 미국의 철학자 마이클 더멧Michael Dummett, 1925~2011 은 이러한 프레게의 논의 구도에서 철학에서의 '언어론적 전회'linguistic turn의 선구적인 한 걸음을 보았다.

실제로 데카르트와 칸트 시대의 철학이 오로지 인간의 의식과 마음을 주춧돌로 삼은 것에 비해서 심리주의와 결별한 프레게는 '마 음'에서 '언어'로 탐구의 중심을 옮겼다. 이러한 의미에서 그의 《산술 의 기초》는 이후 계속되는 철학의 '언어의 시대'를 예고하는 것이기

도 하였다.[18]

그렇다고는 하지만 프레게는 자신의 사상이 후세에 미칠 이러한 영향에 대해 아직 알 수 없었다. 동시대의 자신의 사고에 대한 몰이해에 힘들어하면서 담담하게 자신의 프로젝트를 계속해 나갈 수밖에 없었다.

치밀緻密한 오류

논리학을 가지고 산술을 기초 짓겠다는 계획의 여정을 《산술의 기초》에서 소묘해 보여준 프레게는 계획을 실행에 옮기기 위해 조용한 정열을 불태우고 있었다. 오랜 시간에 걸친 탐구는 이윽고 원숙해져서 《산술의 기본 법칙》Grundgesetze der Arithmetik이라는 제3의 저서로 결실을 거두었다. 1권이 나온 것이 1893년, 2권은 그로부터 10년이 지난 1903년에 출간되었다. 출판사로부터 충분한 이해를 얻지 못해 저작은 예산의 제약상 기계적으로 두 권으로 분할된 상태에서 제1권은 결국 자비 출판으로 간행되었다.

2권의 교정을 한참 보던 중 프레게에게 예기치 못한 연락이 도착한다. 1902년 초여름에 버트런드 러셀1872~1970로부터 온 편지였다.

---

18 단 《산술의 기초》에서는 수의 정의에 관해 도중에 큰 방향 전환이 이루어진다. 당초 문맥원리에 기초해서 수의 명시적인 정의를 피하고 있던 것처럼 보이는 프레게가 갑자기 수를 명시적으로 정의하는 방향으로 전환한 것이다. 문맥원리는 이후 명시적으로 출연하지 않게 된다. 1970년대 이후 프레게 재평가의 길을 열었던 철학자 더멧은 이러한 사실을 고려한 상태에서 그럼에도 프레게 철학에서 문맥원리의 중요성을 강조하

러셀 자신도 프레게와는 독립적으로 '논리주의' 프로젝트에 매달려 있었다. 그로 인해 정리하고 있었던 저작 《수학의 원리》The Principles of Mathematics, 1903의 제1고를 탈고한 다음 해에, 러셀은 프레게가 이미 자신보다도 10년이나 앞서 똑같은 길을 걷고 있다는 것을 알고 놀란다. 그래서 러셀은 프레게의 연구를 전면적으로 다시 읽기 시작한다. 이때 러셀은 전반부만 간행되었던 《산술의 기본 법칙》을 열심히 읽었다.

프레게 앞으로 온 편지에서 러셀은 논리학에 의해서 산술을 기초 지으려고 하는 프레게의 계획에 관해 기술적인 논의의 세부에 이르기까지 깊게 공감한다고 썼다. 그 상태에서 '단 한 가지 점에서만 난점에 봉착하였습니다'라고 러셀은 말한다. 러셀이 부딪힌 '난점'은 프레게가 수를 정의하기 위해 도입한 '개념의 외연'과 관계가 있었다. 개념의 외연이란 이미 앞 절에서 본대로 개념에 대응해서 상정되는 '모이는 것'이고, 현대 수학에서는 '집합'이 이 역할을 담당한다. '개념'으로부터 '개념의 외연'으로 이행함으로써 추상적인 '개념'이 하나의 구체적인 '덩어리'로 대상화된다. 프레게의 체계에서도 수를 대상으로서 정의하기 위해서 '개념의 외연'이 필요하게 되었다.

그런데 러셀이 '개념'으로부터 '개념의 외연'으로의 터무니없는 (무조건적인) 이행은 모순을 만들어 낸다는 것을 발견한 것이다. 구체적으로는 '자기 자신에게 속하지 않는' 개념의 외연을 생각하면 곧바

였다(더멧의 프레게 해석에 관해서는 가네코 히로시가 쓴 《더멧에 이르기까지》의 해설이 알기 쉽다). 어쨌든 프레게의 탐구가 수의 의미에 관해서 철저한 고찰을 거치고 언어의 문제로 향하고 있었다는 것은 틀림없다. 여기에서 그 후 철학에서 펼쳐지는 '언어의 시대'의 원천 가운데 하나를 엿볼 수 있다.

로 여기서부터 모순이 도출된다는 것을 러셀은 자각하였다.[19] '러셀의 패러독스'로 알려진 이 발견은 프레게의 체계에는 치명적인 것이었다.

프레게는 《산술의 기본 법칙》 제2권의 저자 후기에서 '만약 개념으로부터 외연으로의 이행이─적어도 조건 한정이라고 하더라도─허용되지 않는다고 하면 산술을 어떻게 학문적으로 기초 지을 수 있을까? 수를 어떻게 해서 논리적 대상으로 파악하고 고찰할 수 있을까? 나는 모르겠다'라고 패러독스에 직면했을 때의 당혹함을 솔직하게 표현하고 있다. 그리고 '그 증명으로는 개념의 외연, 클래스, 집합을 이용한 모든 사람이 똑같은 상황에 처해 있다'고 패러독스의 '피해자'가 자신 혼자만이 아니라는 사실도 쓰고 있다.

실제로 패러독스의 발견에 의해서 '똑같은 상황'에 내몰린 것은 프레게뿐만이 아니었다. 당시 논리학과 집합론의 건설에 매진하고 있었던 데데킨트와 슈뢰더Schröder, 페아노Peano 등의 수학자들 모두가 암묵 중에 개념의 외연의 존재를 가정하고 있었다. 어떤 해도 없을 것 같은 이 가정으로부터 아주 쉽게 모순이 도출될 수 있다고 한다면 '집합'과 '논리'에 관한 당시 수학자의 이해에 뭔가 함정pitfall이 잠재하고 있었을 거라는 가능성이 나온다.

이후 패러독스 극복을 위한 다양한 노력이 수학의 기초에 관한 격한 논쟁을 낳고, 20세기 초두는 수학의 본성을 둘러싼 많은 주의와

---

19   개념 '자기 자신에 속하지 않는' 것의 외연이 존재한다고 가정하고 이것을 R로 부르기로 하자. 이때 R 자신도 또한 R에 속하든지 속하지 않든지 둘 중 하나일 것인데 R이 R에 속한다는 가정으로부터는 R이 R에 속하지 않는다는 결론이 도출되고, R에 R이 속하지 않는다는 가정으로부터는 R이 R에 속한다는 결론이 도출된다. 러셀은 1901년 시점에서 이 모순을 자각하고 다음 해인 1902년에 이것을 프레게에게 보고하였다. 프레게는 곧 이 발견의 중대함을 이해하였다.

사상이 난립하는 혼돈으로 가득한 시대가 된다. 이 혼돈 안에서 현대의 집합론이 안정된 형태로 결정結晶해 가는 것은 겨우 1920년대가 되고 나서이다.

구체적으로는 에른스트 프리드리히 페르디난트 체르멜로Ernst Friedrich Ferdinand Zermelo, 1871~1953, 아돌프 아브라함 할레비 프렝켈Adolf Abraham Halevi Fraenkel, 1891~1965, 알베르트 토랄프 스콜렘Albert Thoralf Skolem, 1887~1963 등의 손에 의해서 러셀이 발견한 종류의 모순이 일어나지 않는 범위에서, 규칙에 기초해서 집합을 운용해 나가기 위한 '공리적 집합론'이 정비되어 간다.

이는 집합을 구성할 때, 허용되는 룰을 공리로 미리 결정해 두고 집합 개념의 무조건적인 남용에 의한 모순의 발생을 미연에 방지하자는 전략이다. 지금에 이르러서는 수학자에게 집합은 물과 공기와 같이 없어서는 안 되는 것이다. 새로운 개념을 도입할 때는 '구조가 붙어 있는 집합'으로 정의하는 것이 현대 수학의 방법이다. 대학에 들어가면 고등학교 때까지 배운 수학을 집합론의 말로 다시 배우게 된다. 그래서 수도 공간도 모든 것은 집합이라는 선언을 듣게 된다. 리만이 구상한 '다양체'도 집합론을 사용함으로써 명쾌하게 정의할 수 있게 된다.

그런데 프레게는 이러한 집합론의 미래를 아직 알 방법이 없었다. 러셀의 패러독스 이야기를 접하고 프레게는 곧바로 답장을 보냈다. 거기서 그는 자신의 체계의 결함의 양상을 정확하게 인정한 상태에서 어떻게든 응급처치를 하려고 시도하였다. 그러나 제2권은 결국 패러독스를 포함한 채로 출판되고 말았다. 저자 후기에 프레게는 다음과 같이 썼다.

> 학문적 저술에 종사하는 사람에게 한 가지 일이 완성된 후 자신의
> 구조물의 하나가 흔들리는 일만큼 바람직하지 못한 일은 거의 없을
> 것이다. 제2권의 인쇄가 그 끝에 다가왔을 때 버트런드 러셀 씨의
> 편지에 의해서 나는 그러한 상황에 빠졌다. (《프레게 저작집 3, 산술
> 의 기본 법칙》)

직관적으로 자명하다고 생각하는 것만큼 엄밀한 말로는 표현하기 어렵다. 프레게는 '1이란 무엇인가'라는 물음에 논리적으로 수미일관한 대답을 내놓으려고 하였다. 거의 모든 사람이 '1이란 무엇인가'를 이해하고 있다고 생각할 것이다. 그런데 프레게는 그것을 직관이 아니라 논리로 붙잡으려고 한 것이다. 그러기 위해 그는 현대의 논리학을 자력으로 구축할 필요가 있었다. 그는 경탄해야 할 강한 의지로 고독한 프로젝트에 계속 매진하였다. 그런데 고심 끝에 결실을 본 체계의 기반에 생각지도 못한 패러독스가 잠복하고 있었던 것이다.

러셀에 의해 지적된 패러독스의 치명성은 프레게의 체계가 충분히 정치하게 구축되었기 때문에 밝혀진 것이었다. 직관적으로 자명하다고 생각하는 것을 막연하게 믿고 있는 한 새로운 인식은 나오지 않는다. 알고 있다고 생각하고 있는 것을 엄밀하게 다시 붙잡으려고 할 때, 그 과정에서 **뭔가를 알지 못했다는 것**이 부각된다. 막연하게 뭔가를 믿는 대신에 자신이 **무엇을 믿고 있었던가**를 밝혀 나가는 것, 창조의 길은 여기서부터 열린다.

프레게는 패러독스에 대한 현재의 수정안을 부록으로 저자 후기에 붙여서 염원하던 《산술의 기본 법칙》 제2권을 1903년에 간행하였다. 그런데 최후의 처치를 했다고 하더라도 모순을 회피할 수는 없었다.

출판 다음 해 아내가 48세의 젊은 나이에 사망한다. 프레게는 신경쇠약의 징후를 보이고 다음 해 여름학기 강의를 모두 휴강하였다.

프레게라는 인물에 관해서는 별로 많은 이야기를 들을 수 없다. 위대한 수학자에게 있을 법한 황당무계한 에피소드를 들은 적이 없다. 단지 묵묵하게 연구에 매진하고 학문의 초지일관을 지키고 고요하게 연구에 열중한 사람이라는 인상만 남아 있다.

그의 강의는 난해해서 언제나 청강생이 극단적으로 적었다고 한다. 강의 중에 학생에게 시선을 주는 일도 적고 담담하게 칠판을 향해서 계속 이야기하는 스타일이었다고 한다. 그런데 그의 저작을 통해서 전해져 오는 것은 이러한 평판과는 반대로 타오르는 듯한 정열이다. 종종 감탄부호를 섞어서 사상을 표명하고 잘못된 학설을 강렬한 비판과 비꼼으로 톡 쏜다. 금욕적인 연구 스타일과 딱딱하고 비정서적인 문체와의 대비도 한몫 거들어, 문장으로부터는 오히려 넘쳐나는 인간미가 전해져 온다.

프레게는 실제로 글로는 왕성하게 다른 사람과 교류를 계속하였다. 주세페 페아노Giuseppe Peano와 다비드 힐베르트David Hilbert, 칸토르와 러셀, 나아가서는 후설과 비트겐슈타인과 같은 철학자들과도 열심히 서신을 교환하였다.

여행을 좋아하지 않아서 한 곳에 머물고 단지 근처를 산책하는 것만을 일과로 삼은 점은 칸트의 금욕적인 삶을 방불케 한다. 프레게는 늘 애견을 데리고 가까운 호수까지 걸어서 지평선 저쪽의 산맥이 사라지고 나타나는 것을 언제나 넋을 잃고 쳐다보았다고 한다. 그렇게 하는 것이 '번잡한 철도 여행'보다 훨씬 얻는 게 많다고 주위 사람들에게 말하였다.

러셀의 패러독스가 발견된 이후 프레게가 산술의 기초 짓기에 관해서 말하는 것은 드물게 되었다. 사망하기 전 해에는 '수라고 불리는 것을 밝히려고 한 나의 노력은 성공하지 못하고 끝났다'는 내용을 일기에 썼다.[20]

그럼에도 학문에의 정열은 마지막까지 사라지지 않았다. 죽음 직전에 쓰인 미출간 논문에는 산술의 기초를 논리가 아니라 기하학에서 구하려고 하는 새로운 구상이 제시되어 있다. 그러나 이때에는 이미 육체에 여력이 남아 있지 않았다.

1925년 7월 26일, 고향에서 비교적 가까운 바드 클라이넨Bad Kleinen에서 프레게는 조용히 숨을 거두었다.

인공지능으로

큰 틀을 막연하게 알아맞히기보다도 구체적으로 정확히 틀리는 편이 종종 학문을 진전시킨다. 프레게의 치밀하고 독창적인 시도의 좌절은 후세에 큰 재산을 남겼다. 프레게에게 큰 영향을 받은 독일의 에드문트 후설1859~1938과 영국의 러셀을 원천으로 해서, 그 후 철학의 2대 조류인 '현상학'과 '분석철학'이 각각 생겨났다는 것을 생각하면, 철학사에서 프레게의 존재가 얼마만큼이나 큰지 알 수 있다.

나아가 프레게로부터 러셀을 거쳐 힐베르트와 괴델을 경유해 처치–튜링Church-Turing에 이르는 수학의 기초를 둘러싼 계보는 현대 계산기의 탄생에도 연결되어 나간다.

수학적 사고의 본질을 직관이 아니라 논리에서 본 프레게는 그

20　《프레게 저작집 6 서간집·부록 '일기'》, p. 330.

결과로 '언어'의 문제를 철학의 전면에 내어놓게 되었다. 데카르트와 칸트에게 사고의 장은 어디까지나 인간의 '의식'에 있었는데, 당시 유행한 심리주의를 싫어한 프레게는 내면적인 의식이 아니라 언어라는 공공적인 리소스 위에서 인간의 사고의 본성을 분석하는 길을 열었다. 여기에서 '마음'을 '내면'에서 해방시키고 타자와 공유 가능한 외부로 여는 발상의 종자가 뿌려졌다.

데카르트와 칸트가 사고의 기반으로 생각했던 '의식'은 애당초 타자와 공유할 수 없다. 자신 이외의 타자에게 의식이 있는지 없는지조차 증명할 수 없다. 그것과 비교하면 언어는 타자와 함께 나눌 수 있는 것이다. 게다가 프레게가 만들어 낸 형식적인 언어는 미리 사용을 위한 규칙이 모조리 명시되어 있다.

사고를 지탱하고 있는 것이 의식이 아니라 규칙이 명시된 언어라고 한다면 규칙에 따라 생각하는 기계를 만드는 것도 꿈은 아닐 것이다. 프레게가 만들어 낸 '인공언어'는 이윽고 '인공지능'의 도전으로 통하는 선구적인 한 걸음이기도 하였다.

제 4 장

계산하는 생명

울퉁불퉁한 대지로 돌아가라[1]

-루트비히 비트겐슈타인

---

1   루트비히 비트겐슈타인 지음,《철학 탐구》,
기카이 아키오(鬼界彰夫) 옮김.

계산기와 로봇이 인간의 지능을 모방하도록 하는 것이 '인공지능' 연구다. 그런데 이 분야가 탄생하기 훨씬 전부터 인간의 사고를 기계의 행위와 닮게 하려는 역방향의 시도가 계속됐다. 인간의 사고는 훈련을 통해 때로는 기계처럼 조종할 수 있다. 이 통찰이 없었다면 수학이라는 학문의 발전은 없었을 것이다. 계산할 때 사람은 실제 자신을 기계로 여긴다. 의미와 감정, 타자와의 공감을 일시 정지시키고 정해진 규칙에 따라서 사고를 도출한다.

정확한 계산이란 똑같은 입력에 대해서 똑같은 출력으로 대답하는 절차다. 관점을 바꾸면, 사람은 계산할 때 외부로부터의 입력에 지배를 받는다. 기분에 따라 '5+7=?'라는 물음에 대한 대답이 달라져서는, 물론 '생명체'답기는 하겠지만 '계산자'로서는 실격이다.

외부로부터의 입력에 지배받는 시스템은 '타율적'heteronomous 시스템이라 불린다. 계산하는 인간은 적어도 계산의 결과를 도출할 때까지는 타율적으로 행위할 것을 요구받는다. 이런 의미에서 계산이란 애시당초 인간이 기계를 모방simulation하는 행위다. 현대 계산기의 기초 이론은 앨런 튜링1912~1954에 의한 계산자computer의 관찰로부터 탄생했다. 훈련을 받은 계산자는 주어진 숫자열을 미리 결정된 규칙에 따라서 정확하게 쓴다. 튜링이 주목한 것은 이때 종이와 칠판 위에 실현되는 기호 조작의 과정 그 자체였다.

그런데 규칙에 따르는 기호 조작을 실현하기 위해서는 막대한 '준비'가 필요하다. 기호를 인식하거나 써 내려가기 위한 지각운동계는 물론이거니와 종이와 연필 등의 도구, 필산의 알고리즘과 표기법 등 역사를 통해서 세련을 거듭해 온 기술과 교육, 다양한 역사적 사회적 제도가 계산의 성립을 지탱하고 있다. 주어진 기호를 단지 조작하는 것만이 계산이 아니라 기호를 기호로 있게 해 주는 문맥의 구축에 인류는 수천 년에 걸친 노력을 쌓아 왔던 것이다. 이러한 의미에서 계산은 결코 '머릿속'에서만 이루어지는 행위가 아니다.

홍미롭게도 튜링이 계산의 모델로 생각한 것은 계산자의 머릿속 **조차도 아니었다.** 그는 또한 계산을 지탱하는 역사와 문화 등의 문맥에도 관심을 두지 않았다. 튜링의 모델 중에서 계산자의 두뇌는 기호를 쓰는 규칙을 정하는 다섯 열의 '표'로, 그리고 계산자의 주위의 환경은 무제한으로 늘어난 한 장의 '테이프'로 단순화된다. 이렇게 해서 그는 '계산의 개념'으로부터 계산하는 사람을 극한까지 제거해 버리고 말았다. 거기서부터 살아 있는 인간을 전제로 하지 않는 순수한 '계산'computation 개념이 탄생하였다.

그런데 그렇다고 하더라도 그의 '계산기'를 모델로 해서 인간의 지능을 이해하려고 하는 발상은 너무나도 비약이 크다. 인간 내부에서 일어나고 있는 모든 것을 사상하고 만들어진 기계를 사용해서 어떻게 인간의 사고를 설명할 수 있다고 말할 수 있을까?

이 의문을 풀기 위해서는 역사를 참조할 필요가 있다. 생명과 의식을 품은 살아 있는 계산이 아니라 종이 위에서 실현되는 기호 조작 그 자체가 사고**라고** 간주하는 발상의 포석은 이미 튜링 이전에 깔려 있었다.

수학적 사고를 기호의 규칙적인 조작에 환원하는 것. 수학의 역사는 이것을 다양한 수준에서 반복해 왔다. 필산의 발명은 양의 가감승제를 기호 조작 알고리즘으로 바꾸었다. 극단적으로 말하자면 수학이 무엇을 의미하는지를 모르는 사람이라도 규칙 절차만 익히면 필산을 할 수 있다. 17세기에 데카르트는 고전적인 기하학의 세계를 대수적인 방정식의 세계로 바꾸어 놓았다. 이것을 통해서 도형을 본 적 없는 사람이라도 대수적인 규칙에 따라서 엄밀한 기하학적 추론을 할 수 있게 되었다. 19세기 독일에서 한층 더 결정적인 한 걸음을 내디딘 것이 앞 장에서 살펴본 프레게다.

프레게는 수를 대상으로 하는 수학의 모든 것을 지탱하는 새로운 논리 체계를 구축하려고 하였다. 그 과정에서 수학적 사고를 분석하는 장을 인간의 '의식'에서 '언어'로 이행시켰다. 5+7=12라는 진리를 정당화하는 데 필요한 것은 인간의 의식에서 이루어지는 관념과 직관이 아니다. 필요한 것은 적절한 언어와 이것을 활용하기 위한 규칙이다. 프레게는 이렇게 생각하였다.

프레게의 계획은 그가 그린 대로 결실을 보지 못했지만, 인간의 사고를 인공적인 언어를 사용해서 분석한다는 탐구의 지침은 후세에 중대한 영향을 남겼다. 그것은 인간의 사고에 관해서 말하려면 마음과 의식에 호소할 수밖에 없었던 그때까지의 상식으로부터의 결정적인 이탈을 의미하였다.

프레게의 학문을 하나의 원천으로 삼아 수학과 논리학이 상호 자극하는 풍부한 학문의 계보가 그 후 러셀과 화이트헤드, 힐베르트와 괴델 등으로 계승되었다. 튜링은 이 사색 전통의 연장선상에 있었기 때문에, 인간의 두뇌와 마음과 같은 '안쪽'을 언급하지 않고서도 계산과 인간의 지성에 관해서 말할 수 있다고 믿은 것이다.[2]

---

2   [옮긴이] '기계는 사고할 수 있을까?'라는 물음을 처음으로 던진 사람은, 현대 인공지능의 아버지라 일컫는 영국의 수학자 앨런 튜링이다. 그는 기계(컴퓨터)를 갖고 인간의 사고과정을 시뮬레이션할 수 있는 가능성이 있다고 주장하였다. 1950년의 일이다. 튜링은 계산 기계에 지능이 실현되는지 여부를 정하는 판단 기준으로서 어떤 게임을 고안하였다. 게임의 규칙은 아주 단순하다. 각각 떨어진 곳에 있는 두 개의 방에 한쪽에는 사람 다른 한쪽에는 기계를 준비한다. 질문자는 방 안을 들여다볼 수 없다. 텔레타이프라이터를 통한 질의응답만을 단서로 어느 방에 있는 것이 사람이고 어느 쪽이 기계인지를 맞추라고 하는 것이 이 게임의 목적이다. 이 유명한 이론상의 게임은 튜링 테스트

튜링 시대에 확립된 것은 **인간의** 계산에 부착된 모든 문맥을 박탈한 **순수한** 계산이라는 개념이다. 그러면 과연 **순수한** 계산만으로 **인간의** 사고를 어디까지 재현할 수 있을까? 이것은 후세에 남겨진 큰 물음이 된다.

인간이 기계를 모방하는 시대로부터 계산기를 사용해서 인간을 모방하는 시대로—여기에서부터 '인공지능'과 '인지과학'의 역사가 움직이기 시작한다.

라고 불리는데 이 테스트를 통과한 기계, 즉 질문자가 이 기계의 응답을 인간의 그것과 구별할 수 없다고 판단한 기계는 지능을 인정할 수 있는 것이다. 그가 보여주는 견본을 인용해 보기로 하자.

튜링 테스트에 합격한 응답

Q: "포스 브릿지를 주제로 소네트(14행시)를 만들어 보세요."

A: "그 질문은 패스하겠습니다. 시는 쓴 전례가 없습니다."

Q: "34957에 70764를 더하세요."

A: (30초 정도 지나서 답한다.) "105621" [저자 주: 계산 틀림]

Q: "체스를 할 줄 압니까?"

A: "네."

Q: "나의 킹은 K1에 있고, 나는 말을 갖고 있지 않습니다. 당신의 킹은 K6, 룩은 R1에 있습니다. 당신이 할 차례라고 하면 두는 방법은?"

A: (15초 지나서) "룩을 R8에 체크메이트!"

튜링의 주장은 이 게임에 성공하면 그 내부의 메커니즘이 어떻든지 관계없이 '지성'이 있다고 판단해도 좋다는 논리다. 즉 이 테스트에 통과한다는 것은 기계에 지성이 존재함을 증명하는 충분한 증거가 된다는 것이다. 이것을 일반화해서 튜링은 똑같은 입력에 대해 인간과 컴퓨터의 출력이 비슷하다고 하면 양자를 동등하다고 봐도 좋다고 주장한다. 즉 입출력만 똑같으면 내적인 메커니즘이 어떤 것인가를 물을 필요가 없다는 논리다. 이러한 관점은 '인지주의 심리학'의 뒤집기인 '행동주의' 혹은 '행동환원주의'라고 명명할 수 있다.

순수 계산 비판으로서의 인지과학

인지과학이 '아주 긴 과거와 비교적 짧은 역사를 갖고 있다'고 말한 것은 인지심리학자 하워드 가드너Howard Gardner, 1943~이다.[3] 인간의 지능과 마음의 본성을 둘러싼 지적 탐구의 기원은 멀리는 플라톤과 아리스토텔레스 시대까지 거슬러 올라간다. 인지과학이란 고대로부터 계속 물어 왔던 이러한 '긴 과거'를 가진 물음과 함께 계산기를 사용한 과학적 방법으로 인간의 지능과 마음을 연구하는 비교적 '역사가 짧은' 학문이다.

계산기 등장 이전, 인간의 마음에 관해서 연구할 방법은 한정되어 있었다. 특히 인간의 '마음속'을 들여다보려고 하면 내관법內觀法에 의지할 수밖에 없었다. 그런데 심리학자의 내관에만 의지해서는 객관적인 과학은 성립할 수 없다. 그래서 어디까지나 관찰 가능한 행동을 단서로 해서 마음의 작동을 설명하려는 '행동주의' 사조가 20세기 전반에 세력을 확장하였다.

이에 비해서 인지과학은 눈에 보이는 행동뿐만 아니라 인간의 마음속에서 조작하는 '표상'에 다가서려고 하였다. 표상이란 외부 세계에 있는 사물에 관한 정보를 인지 주체가 어떤 방법으로 부호화한 것이다. 예를 들면 사람이 '책상'에 관해서 생각하려고 할 때, 그는 머릿속에서 책상에 대응하는 상을 그릴 것이다. 현실의 책상을 대리하는 이러한 상은 '표상'의 전형이다.

내관에 의지하지 않고 인지 주체의 내부에서 부호화되는 표상에 관해서 생각하려고 할 때, 계산기가 의외의 역할을 맡는다. 계산기가

3   Howard Gardner, *The Mind's New Science*, p. 9

조작하는 기호 그 자체를 표상이라고 간주하면 표상을 조작하는 마음
의 작용에 관해서 객관적으로 분석할 수 있는 길이 열리기 때문이다.

인지과학은 인공지능과도 깊은 관계가 있다.

'인공지능'Artificial Intelligence, AI이라는 말이 공적으로 처음 사용된
것은 1956년 열린 다트머스 회의Dartmouth Conference 라고 한다. 이 회의
를 기획한 수학자 존 매카시John McCarthy, 1927~2011는 회의에 앞선 제안
서에서 "어떠한 지능의 작용도 그것을 모방하는 기계를 만들 수 있을
정도로 정확하게 기술할 수 있다"는 가설이야말로 인공지능 연구의
출발점이라고 선언하고 있다. 추론·기억·계산·지각 등 지능의 다양한
작용을 계산기를 사용해서 재현하고, 그 재현을 통해 인간의 지능을
이해하는 것이 학문으로서 인공지능의 목표다. 인공지능 연구란 본
래 인간의 복제물을 만드는 것도 아니고, SF적인 '초인'을 만들어 내는
것도 아닌 부분적으로 인간을 재현하면서 지능의 원리를 해명해 가
는 견실한 행위였다.

인공지능 연구와 함께 철학, 심리학, 언어학, 인류학, 정신과학 등
다양한 분야의 아이디어를 동원해서 인간 마음의 메커니즘에 학제적
인 입장에서 접근해 가는 것이 인지과학이다. 이때 튜링이 확립한 계
산 개념과 그것을 체현하는 계산기가 다양한 학문 영역 사이의 커뮤
니케이션을 연결하는 가교가 된다.

인공지능 그리고 인지과학 연구는 그 '짧은 역사' 안에서 많은 대
담한 도전을 하였고 적지 않은 좌절을 맛봐 왔다. 계산을 통해 인간 지
성의 어디까지 다가갈 수 있는가? 이 물음은 동시에 인간의 지성이 어
떤 의미에서 보더라도 **단순한 계산이 아님**을 두드러지게 해 주었다.

인공지능 연구 초기부터 인간의 지능을 계산으로 환원하려고 하

는 시도의 한계를 철학적인 관점으로부터 논했던 학자가 철학자 휴버트 드라이퍼스Hubert Lederer Dreyfus, 1919~2017다. 그는 인공지능 연구의 초기 열기로 뒤덮여 있던 1960년대에 매사추세츠공과대학MIT에서 철학 강의를 할 때 나왔던 이야기를 한 인터뷰에서 다음과 같이 돌아본다.

> 내 강의에 MIT 로봇연구소(현재의 인공지능연구소) 학생들이 들어와서 다음과 같이 말하는 것이었다. "당신들 철학자들은 이천 년 동안 오로지 논의만 계속하고 인간의 이해에 관해서도 언어와 지각에 관해서도 결국 어느 것 하나 밝히지 못하고 있는 것 아닌가. 우리는 계산기를 이용해서 이해하고 문제를 풀고 계획을 세우고 언어를 학습하는 프로그램을 만들고 있다. 그것이 완성되면 인간이 하는 일들을 알 수 있게 될 것이다." 나는 그 말을 듣고 '그것이 정말이라면 나도 꼭 참가하고 싶다. 그런데 그것을 실현하는 일에는 일단 무리가 따를 것이다'라고 생각하였다.

드라이퍼스의 눈에는 인공지능 연구자들이 '그것'이라고 자각하지 못한 채 서양의 전통적 '합리론'을 재발명하고 있는 것처럼 보였다. '표상의 조작'이라는 틀 안에서 인간의 지성을 포착하려고 한 데카르트부터 표상을 결합하는 규칙에 주목한 칸트. 사고를 총괄하는 규칙을 모조리 열거하고 직관 없이 사용할 수 있도록 형식화한 프레게. 이렇게 면면히 계승되어 온 근대의 합리주의 철학의 계보는 인간의 지적 활동을 '규칙'으로 추출해서 그것을 명시하려는 노력을 거듭해 왔다.

이 전통 있는 철학적 관점을 기계를 사용해서 '실제로 장착'하는 것이 인공지능 연구라고 드라이퍼스는 가정하였다. 그렇다고 한다면 그것은 '합리론의 역사가 직면한 것과 똑같은 벽'에 조만간 부딪히게 된다는 것을 의미할 것이다. 이때 드라이퍼스의 염두에 있었던 '벽' 중 하나는 '규칙'을 둘러싼 독특한 사색을 펼친 루트비히 비트겐슈타인이 예고하고 있었다.

프레게와 비트겐슈타인

　루트비히 비트겐슈타인은 1889년 4월 오스트리아 빈에서 철강 업계를 지배하는 대재벌을 1대로 구축한 실업가인 아버지 카를 비트겐슈타인과 어머니 레오폴디네 사이에서 태어났다. 루트비히는 형 넷과 누나 셋을 둔 막내였다. 아버지 카를의 자택과 별장은 몰락해 가는 빈의 문화적 중심 중 하나였다. 거기에는 로댕과 브람스, 말러와 클림트 등 음악가와 예술가가 일상적으로 모였다. 그 당시 빈에서는 작은 마을 안에서 놀랄 정도로 활발하게 다른 분야 간의 교류가 펼쳐지고 있었다. 물리학자인 볼츠만Boltzmann이 조셉 부르크너Joseph Anton Bruckner 에게 피아노를 배웠고 음악가 말러는 프로이트와 교류가 있었다고 한다. 그러한 특이한 환경 속에서 소년 비트겐슈타인은 감성을 키웠다.

　소년 비트겐슈타인은 음악과 기계공학, 수학 등 폭넓은 분야에 관심의 촉수를 뻗고 있었다. 그중에서도 생애에 걸쳐 계속해서 깊은 관심을 가진 것이 인간의 '언어' 문제였다. 언어로는 무엇이 가능하고 무엇이 가능하지 않은가. 허사를 다 제거한, 허실 없이 성실하게 말할 수 있는 언어의 가능성을 간파하고 싶다고 생각한 그의 마음을 프레게의 논리학이 붙잡았다. 거기에 바로 허실 없이 정련되고 아름다운, 통제가 잘 되어 있는 언어와 논리의 세계가 있었기 때문이다.

비트겐슈타인이 처음으로 프레게가 있는 곳을 방문한 것은 아마도 1911년 여름이 끝나 갈 무렵이었을 것이다. 이때 비트겐슈타인은 아직 22세였고, 프레게는 63세가 되는 해였다. 비트겐슈타인은 이날 기세 좋게 프레게에게 논쟁을 걸었다. 그런데 노련한 논리학자에게 그렇게 쉽게 대항할 수 없었다. 결국 비트겐슈타인은 무참히 깨졌다고 한다. 그럼에도 마지막에 "또 꼭 오세요!"라고 따뜻한 말을 들었다고 한다.[4] 경애하는 선배로부터의 이 별것 아닌 한마디는 틀림없이 청년의 마음에 깊게 스며들었음이 틀림없다.

유복한 가정에서 자란 비트겐슈타인은 14세에 린츠의 실과학교에 입학할 때까지 가정교사 밑에서 배웠고, 대학에서는 먼저 공학부에 들어가서 제트 추진 프로펠러의 설계에 열중하였다. 그와 동시에 수학을 배웠으며 프레게와 러셀의 저작을 통해서 현대 논리학에도 눈을 뜨게 되었다. 프레게와의 면담이 실현된 다음 해인 1912년에는 케임브리지대학 트리니티컬리지에 입학하여 러셀 밑에서 본격적인 연구 생활을 시작하였다. 그런데 연구실과 서재에 계속 틀어박혀 있었던 것은 아니었다. 제1차 세계대전이 발발하자 그는 지원병으로 최전선에 나가 목숨을 걸고 조국을 위해 싸웠다. 동시에 요새에서 야전포 옆에서 혹은 기병대에 소속되어 나중에 《논리철학논고》(이후 《논고》로 약칭)로 결실을 보게 되는, 첫 저작의 집필에 정력적으로 계속 매달렸다. 비트겐슈타인은 이 과정을 프레게에게 기회가 있을 때마다 보고하였다.

프레게 또한 비트겐슈타인을 깊이 경애하고 그의 학문에 기대를 걸고 있었다. 프레게가 비트겐슈타인에게 보낸 일련의 편지를 읽어 보

4   G. E. M 안스콤브, P. T. 기시 지음, 《철학의 삼인 아리스토텔레스·토머스·프레게》, p. 242.

면, 프레게가 전선에 나가서까지 학문에 매진하고 있는 청년의 안부를 걱정하고 초고의 완성을 진심으로 기다리고 있었던 모습이 전해져 온다. 두 사람의 사상은 공통점뿐만 아니라 의견의 차이를 종종 엿볼 수 있는데, 그럼에도 서로를 경애하고 서로 계속 배우려고 하였다. 프레게는 젊은 비트겐슈타인의 사고로부터 배워야 할 것이 있다고 직감하였다.《논고》의 구상이 일단 결착을 봤다고 전하는 비트겐슈타인의 소식을 접하고 그에 응답하는 프레게의 편지는 다음과 같다.

> 나는 언제라도 배우고 만약 내가 틀렸다고 하면 자신을 옳은 길로 돌릴 준비도 되어 있습니다. 설령 내가 본질적인 점에서 당신을 따를 수 없다고 해도 언제나 나는 당신이 스스로 간 길을 배우는 것으로부터 뭔가를 손에 넣을 수 있다고 생각하고 있습니다. (1918년 6월 1일) [5]

3개월 후에 쓴 편지에는 마치 과거의 자신과 겹치는 듯 선배로서 후배를 격려하는 말을 엿볼 수 있다.

> 자신 이전에 아직 어떠한 인간도 한 적 없는 험준한 산길을 스스로 개척하려는 사람이 혹여 모든 것이 쓸데없는 것은 아닌가. 언젠가는 누군가 이 산길을 나중에라도 따라올 의욕을 가져 주지 않을까. 이러한 의혹에 종종 휩싸이는 일을 확실히 잘 이해할 수 있습니다. 나 또한 그러한 사실을 숙지하고 있습니다. 하지만 나는 지금은 반드시 모든 것이 허망한 것은 아니라는 확신을 갖고 있습니다. (1918년 9월 12일)

[5] 이하 프레게와 비트겐슈타인의 서간 번역문은《프레게 저작집 6 서간집·부록 '일기'》에서 인용한다.

《논고》에서 비트겐슈타인은 인간 사고의 가능성의 한계를 확정하려는 야심찬 목표를 세웠다. 단 사고의 한계 그 자체를 사고하는 것은 불가능하므로, 사고 그 자체에 대해서가 아니라 **사고된 것의 표현**에 대해서 한계를 긋는 전략을 취한다. 사고를 표현하는 언어의 논리를 정확하게 파악할 수 있으면 언어의 가능성의 한계를 제시할 수 있을 것이다. 나아가 그렇게 함으로써 '말할 수 없는 것'의 존재를 부각할 수 있다고 생각하였다.

이러한 비트겐슈타인의 발상과 접근 방식은 언어의 구조로부터 출발해서 사고의 구조를 밝혀 나가려 한 점에서 프레게가 내디뎠던 철학의 '언어론적 전회'를 드디어 결정짓는 것이었다.

1. 세계는 성립하고 있는 것으로부터의 총체다.

라는 제1절의 문장으로부터 시작해서

7. 말할 수 없는 것에 관해서는 침묵할 수밖에 없다.

라는 마지막 한 문장에 이르기까지 번호가 할당된 약 500개의 문장이 격자 형태로 배치된 이 작품은 먼저 무엇보다도 그 혁신적인 스타일이 신선한 인상을 남긴다.[6] 확실히 알기 쉽게 독자에게 말을 거는 듯이 사상을 전하려는 종류의 책은 아니다. 실제로 저자도 '이해해 줄 한 사람의 독자를 기쁘게 할 수 있다면 목적은 달성된 것이다'라

---

6   이하《논고》의 번역문은《논리철학논고》(노야 시게키(野矢茂樹) 옮김, 이와나미문고)

고 이 책 서문에서 확실히 선언하고 있다. 그는 이 저작을 많은 사람
이 이해해 줄 것이라고는 처음부터 기대하지 않았다. 그러나 그렇다
고는 해도 깊게 이해해 줄 '한 명의 독자'에게 닿는 것만큼은 강하게
기대하고 있었다. 프레게가 이 '한 명'의 유력한 후보였음이 틀림없다.

'순수한 언어' 바깥으로

  1918년 가을 제1차 세계대전에서 오스트리아군이 붕괴하자 비트
겐슈타인은 포로가 되어 이탈리아 카시노 근교의 포로수용소에 들어
간다. 완성된 《논고》의 원고는 비트겐슈타인의 누나가 타이핑한 복사
본이 곧바로 프레게에게 보내진다. 대망의 원고를 받아 든 프레게로
부터 잠시 후 돌아온 응답은 그러나 비트겐슈타인을 심하게 낙담시키
는 내용이었다. 프레게는 잡무에 쫓겨 답장이 늦었음을 일단 사과한
후에 《논고》의 여러 명제가 '충분히 상세하게 기초 짓지 않고 병렬'되
어 있는 것에 당혹함을 느끼고 '매우 이해하기 어려웠다'고 밝히고 있
다. 프레게는 《논고》의 기술의 불명료함에 납득이 가지 않아서 처음
의 수행으로부터 앞으로 나아가지 못하였다. 결국 그 후로도 프레게
가 《논고》를 마지막까지 읽었다는 흔적은 없다. 비트겐슈타인에게 프
레게는 자신의 사상을 깊게 이해해 줄 '한 명의 독자'가 되지 못하였다.
  1919년 10월, 비트겐슈타인은 러셀에게 다음과 같은 편지를 보
낸다.

프레게와는 편지 교환을 계속하고 있습니다. 그는 내 작업을 한마디도 이해하지 않았고, 나는 설명만 하느라 완전히 지치고 말았습니다.[7]

그런데 이 너무나도 파격적인 논문을 이해할 수 없는 사람은 프레게만이 아니었다. 비트겐슈타인은 목숨을 걸고 몰두한 일에 누구 한 명에게도 이해받지 못하고 있다고 느끼지 않을 수 없었다. 그리고 깊은 절망과 함께 그는 철학 연구 현장을 떠나 시골에서 교사로 활동하기 시작한다.

스스로 희망해서 산 깊은 곳에 있는 벽촌 학교에 부임한 비트겐슈타인은 철학에 매달리고 있었던 때와 똑같은 열의로 다시 전력을 다해 아이들을 만났다. 커리큘럼을 스스로 만들고 매일 수업의 창의 궁리를 아까워하지 않았다. 아이들을 위한 컴팩트한 사전과 고양이와 다람쥐의 골격 표본까지 스스로 만들었다. 그는 무엇이든지 철저히 하지 않고는 배기지 못하는 성정이었다. 그런데 그 정열이 제어 불능으로 치닫는 일이 있었다. 격분해서 아이를 손바닥으로 때리고 머리를 잡아당겨 야단치는 일도 한두 번이 아니었다. 어느 날 이러한 체벌이 도를 넘어서 학생 중 한 명이 기절하고 말았다. 비트겐슈타인은 패닉에 빠져서 연락한 의사가 오기 전에 그 자리에서 도망치듯이 학교를 뛰쳐나와 버렸다.

이 사건은 비트겐슈타인의 마음에 깊은 죄의식을 심어 주었다. 37세가 되는 봄, 그는 실의에 빠져 나락 상태로 빈에 돌아온다. 비트겐슈타인이 다시 철학에 복귀하는 것은 1929년이 되어서의 일이다. 누나 집의 설계를 돕고 수도원에서 정원사로서 일하는 등 한참 돌아

[7]   《프레게 저작집 6 서간집·부록 '일기'》, p. 264.

가는 길을 거쳐서 비트겐슈타인은 다시 케임브리지로 돌아갔다. 그리고 스스로 《논고》의 철학을 비판적으로 음미하면서 언어에 관한 새로운 탐구를 시작한다.

《논고》에서 비트겐슈타인은 언어야말로 실재하는 세계의 '상'Bild 이라고 간주하고 있다. 그리고 명제는 현실 세계의 사실을 모사할 수 있다고 주장하였다. 이때 일상언어의 배후에 경험에 오염되지 않는 순수한 논리언어의 존재가 암묵 중에 규정되어 있었다.

그런데 다시 철학으로 돌아온 비트겐슈타인은 일상언어가 이상화된 논리언어와는 떨어져 있다는 사실을 느끼기 시작하였다. 생활 속의 살아 있는 언어는 단지 움직이지 않는 세계의 '상'이 아니다. 언어는 때로 명령으로 사용되는 예도 있지만 약속과 농담, 감탄의 표현으로 사용되는 경우도 있다. 언어는 다종다양의 게임Spiel과 같은 주고받음 속에서 사용되면서 이를 통해 의미를 띠어 가는 것이 아닐까. 그렇다고 한다면 언어란 본래 구체적인 '생활양식'Lebensform에 편성되는 것은 아닐까.

일상언어와 대조해서 봤을 때 프레게의 인공언어처럼 공중에 붕 뜬 추상적인 체계는 오히려 '미끄러지기 쉬운 얼음'과 같이 의지할 수 없는 것이다. 비트겐슈타인은 이윽고 이상화된 논리언어의 세계를 뛰쳐나와서 일상언어가 사용되는 까칠까칠한 '마찰'로 가득한 현장에 발을 내디디고 언어의 탐구를 재개하였다.

규칙에 따르기

생전에 간행된 비트겐슈타인의 본격적인 저작은 《논고》한 권뿐이다.[8] 그가 철학에 복귀한 후의 나머지 삶의 사고를 집대성한 《철학 탐구》Philosphische Untersuchhungen, 1953(이후 《탐구》라고 약칭)가 간행된 것 은 사후, 1953년이 되어서다.

《논고》는 압도적으로 독특한unique 저작인데, 《탐구》 또한 꽤 독 특한 작품이다. 《논고》에는 명확한 철학적 주장과 거기를 향해 단계 적으로 쌓아 올라가는 명제의 계단 같은 구조가 있는데 반해, 《탐구》 는 단편적인 비망록이 결론도 없는 채로 이어지고 있어서 전체로 포 착할 수 있는 부분이 없다. 비트겐슈타인 본인도 서문에서 이 책은 하 나의 전체로서 정리된 저작이라기보다는 어디까지나 '일군의 풍경 스 케치'이며, '한 권의 앨범'과 같은 것이라고 쓰고 있다. 여하튼 '광대한 사고의 영역 이쪽저쪽을 모든 방향으로부터 편력할' 필요가 있었기 때문에 전체를 하나의 줄기로 통합할 수 없었다고 한다.

《논고》와 《탐구》에서 서술 스타일의 차이는 그의 철학에 대한 자 세의 변화에 따른 자연스러운 귀결이기도 하였다. 실제로 《탐구》의 비트겐슈타인은 '우리는 어떠한 종류의 이론도 세워서는 안 된다'고 분명하게 말하고 있다. 지금까지 철학자가 목표로 해 온 것처럼 문제 를 푼다든지 설명하는 것이 아니라 사고실험과 시사적인 사례를 제 시하면서 이 책이 '사람들이 스스로 사고하기' 위한 격려의 역할을 했 으면 한다고 서문에서 선언하고 있다.

이 희한한 저작은 실제로 많은 독자를 사고로 몰아넣었고 무수한 해석을 만들어 왔다. 그중에서도 '규칙'을 둘러싼 일련의 고찰(134~241 절)은 유달리 다양한 독해를 낳아서 그것만으로도 많은 논쟁을 불러

8　이 밖에 비트겐슈타인 생전의 저작으로는 《초등학생을 위한 정서법 사전》(오카자와 시즈야, 오기하라 고헤이 옮김, 고단샤학술문고)

일으켜 왔다.

예를 들면《탐구》185절에는 주어진 지시에 따라 수열을 받아 적는 인상적인 학생 이야기가 나온다.

학생은 0에서 시작해서 '2씩 더하는' 규칙에 따라서 수열을 받아 적도록 지시를 받는다. 그런데 그는 1000을 넘어선 시점에서 왜인지 갑자기 '1000, 1004, 1008'이라고 쓰기 시작한다. 선생은 학생에게 "자신이 무엇을 쓰고 있는지 잘 봐라!"라고 말한다. 그리고 1000까지 그렇게 해 온 것과 **똑같이** 계속하라고 주의를 준다. 그런데 학생은 "저는 **똑같이** 계속하고 있는데요!"라고 대답한다. '2씩 더하기'라는 말을 들었을 때 그는 1000 이상의 수에 대해서는 '4씩 더하기' 하는 것이 자연스러워서, 그렇게 하는 것이야말로 그때까지와 똑같게 행위하는 것이라고 완전히 믿고 있다.

'2씩 더하기'라는 규칙이 명시되어 있음에도 불구하고 선생과 학생 사이에는 '규칙을 적용하기 위한 규칙'에 관해서 어긋남이 있다. 이렇게 되면 똑같은 규칙으로부터 어떠한 행위가 나올지 알 수 없게 된다. 규칙에 대한 해석의 부정성不定性, 즉 규칙의 적용에 관한 애매함을 없애기 위해서는 '규칙의 적용에 관한 규칙'을 미리 명시할 필요가 있다. 단 그 규칙도 또한 그것을 정확하게 적용하기 위한 규칙이 있어야 한다. 그렇게 되면 규칙은 무한으로 퇴행하고 만다. 이것이 '규칙의 패러독스'다. 어떻게 하면 이 퇴행을 끊을 수 있을까?

이미 진술한 바대로《탐구》에서 비트겐슈타인은 철학적인 문제를 푸는 것을 목표로 하고 있지 않았다. 애당초 그는 일상언어의 양상을 수미일관하게 설명할 수 있는 이론이 있다고는 생각하지 않았다. 패러독스를 '해결'하는 것이 목표가 아니라 역설의 제시를 통해, 기존 철학이 '규칙'의 개념하에서 언어를 포착하려고 하였을 때 얼마나 많은 것들이 거기서 삐져나오는지를 제시하려고 한 것이다. 그렇게 해서 비트겐슈타인은 철학자들이 무비판적으로 받아들여 온 많은 도그마를 부각시킨다.[9]

《탐구》의 규칙에 관한 일련의 고찰은 '사적언어'에 관한 논의로 전개되어 나간다. 비트겐슈타인이 말하는 '사적언어'란 원리적으로 타자에게 통하지 않는, 단지 한 명만 이해할 수 있는 언어를 가리킨다.《탐구》258절에서 비트겐슈타인은 다음과 같은 사고 실험을 하였다. 즉 자신만이 알 수 있는 완전히 사적인 감각에 관해서 기록하는

9　[옮긴이] 지금까지 태양이 동쪽에서 떠올랐다는 사실이 내일도 태양이 동쪽에서 뜬다는 추론을 기초 지을 수 없다(당장 오늘 밤에 혜성이 지구에 충돌해서 지구가 없어져버릴 가능성도 있기 때문이다). 데이비드 흄이라는 철학자는 그렇게 말했다. 지금까지의 사례가 아무리 법칙적으로 계속 일어났더라도 그것을 다음에 일어날 일이 그 법칙에 일치한다는 것으로 추론할 수는 없다. 예를 들어 다음과 같은 수열이 있다고 하자.

2, 4, 6, 8, 10, 12 이 다음은 무엇일까?
대부분의 사람은 '14'라고 대답할 것이다.
"앗 아깝습니다. '27'입니다. 실은 이런 수열이었거든요."

2, 4, 6, 8, 10, 12, 27, 2, 4, 6, 8, 10, 12, 27, 2, 4, 6, 8, 10, 12, 27
"자 그러면 다음은 무엇일까요?"
'2'
정말요?

확실히 '오컴의 면도날'(Ockham's Razor)에 의하면 대답은 '2'다. 이 수열의 법칙성을 설명하는 가설 중 '가장 심플한 것'이 베스트라는 것이 '오컴의 법칙'이기 때문이다. 즉 세 번 연속된 계열에 기초해서 내려진 '27' 다음에 '2'가 올 것이라는 판단을 지탱하고 있는 것은 여기에 제시된 수열이 '규칙성을 가진 것임에 틀림없다'(이는 수열이었으면 좋겠다는 당신의 '생각'과 '욕망'에 지나지 않는다. 법칙은 가장 심플한 것이 베스트라는 인습 이외에 어떠한 기초 짓기도 불가능하기 때문이다)는 가정이다. 실은 세 번째의 '27' 다음에 오는 것은 '53'일지도 모르고, 'Φ'일지도 모르고 '이것으로 끝'일지도 모른다. 비트겐슈타인은 '규칙'에 대해서 이렇게 근원적인 물음을 던지면서 '일상성'의 복잡성을 포착하려 하였다고 생각한다.

것은 가능한가?

어떤 사람이 자신밖에 알지 못하는 특정한 감각을 'E'라고 이름 붙였다고 하자. 그 똑같은 감각을 경험할 때마다 달력에 'E'라고 쓰는 것으로 한다. 최초에 E를 '정의'하기 위해서는 그냥 그 감각에 주의를 집중해서 "이것이 E다"라고 자신을 향해서 선언하면 된다. 그런데 비트겐슈타인은 "무엇을 위해서 그런 의식을 행하는가?"라고 묻는다.

다시 어떤 감각이 생겨서 또 'E'라고 달력에 썼을 때 그것이 이전에 E의 의미로서 결정한 것과 똑같은 감각이라는 보증은 어디에 있는 것일까. 그가 "똑같다고 생각하고 있는" 이상의 판정 기준은 없는 것 아닐까. 그렇다고 한다면 그가 만들어 낸 '사적언어'에는 정확한 사용과 **그가 정확하다고 생각하고 있는** 사용 사이에 구별이 없어지게 된다.

문제는 완전히 '사적으로' 규칙에 따르는 것이 애당초 불가능하다는 점에 있다. 나는 이전부터 생각에 빠지게 되면 샤워를 하고 있을 때 자신이 샴푸를 했는지 안 했는지 잊고 만다. 그런 어느 날, 샴푸를 한 후 샴푸를 한 증거로 샴푸와 비누의 위치를 바꾸어 놓는 것으로 정해 보았다. 그런데 이 방법에 결함이 있다는 것을 곧바로 알아차릴 수 있었다. 샴푸와 비누 위치가 바뀌어 있을 때, 그것이 지금 자신이 샴푸를 하였기 때문일까 아니면 어제 샴푸를 하였을 때 장소를 바꾸고 그것을 원래대로 돌리는 것을 잊었던 것일까. 구별되지 않는다. 자신이 규칙을 옳게 적용하고 있는지를 자기 혼자서 판정할 수는 없는 노릇이다.

'규칙을 따른다'는 것은 하나의 실천이다. 그리고 규칙에 따르고 있다고 생각하는 것은 규칙에 따르는 것과 똑같은 것이 아니다. 따라서 사람은 '사적으로' 규칙에 따를 수가 없다(202절)고 비트겐슈타인은 썼다.

이러한 고찰에 이끌려 우리는 생각지도 못한 장소에 당도하게 된다. 규칙이 규칙 그 자체를 뒷받침할 수 없고 게다가 사적으로 규칙에 따르는 것이 불가능하다고 한다면, 추론과 계산 혹은 의미 있는 사고가 '마음속에서 규칙에 따른다'고 보는 관점에 큰 의문부호가 붙게 되는 것이다.

인공지능의 신체

1956년 학문으로서의 인공지능이 본격적으로 움직이기 시작하였을 때, 비트겐슈타인은 이미 이 세상에 없었다. 따라서 그가 직접 인공지능 비판을 전개할 수는 없는 노릇이다. 그러나 1939년 케임브리지에서 열린 비트겐슈타인의 강의 '수학의 철학'에는 튜링 본인이 출석했고, 거기서 종종 비트겐슈타인과 튜링 사이에 '계산' 개념의 이해를 둘러싸고 격렬한 논쟁이 벌어졌다.[10]

이미 진술한 대로 튜링에 의해 정식화된 계산 개념으로부터는 인간이 거의 완전히 사상되고 만다. 의식과 신체를 가진 인간이 굳이 거기에 없어도 명시된 규칙에 통제된 기호 조작만으로 '계산'은 성립**할 수 있다**고 튜링은 생각하였다.

그런데 비트겐슈타인은 이 점에서 튜링과 견해가 달랐다. 그는 튜링 기계는 조금도 계산**하고 있지 않다**고 주장하였다.

---

10 이 '논쟁'에 관해서는 미즈모토 마사하루(水本正晴)가 쓴 《비트겐슈타인 vs. 튜링》에 상세한 해설이 있다.

튜링의 '기계'. 이러한 기계는 실은 계산하는 **인간**과 다름없다.[11]

이처럼 말하는 비트겐슈타인에게 계산기는 주산과 종이와 연필이 계산하고 있지 않은 것과 똑같이 겨우 해 봤자 계산하는 인간을 보조하는 도구에 불과하다. 계산**하고 있는 것**과 계산**하고 있는 것처럼 보이는 것**은 다르다. 명시된 규칙에 합치된 기호 조작만으로는 계산이라고 부를 수 없는 것이다.

예를 들면 카르다노와 봄벨리가 허수의 답을 도출할 때처럼 의외의 계산 결과를 도출해 버렸을 때도 사람은 그 의미를 묻고 결과의

---

[11]   《비트겐슈타인 전집·보권 1 심리학의 철학 1》, p. 385.

[옮긴이] '튜링의 기계, 이러한 기계는 실은 계산하는 인간과 다름없다'는 비트겐슈타인의 언명을 이해하기 위해서는 좀 긴 설명이 필요할 것 같다. MIT의 조셉 와이젠바움(Joseph Weizenbaum)이 개발한, 사람과 영어로 대화할 수 있는 프로그램 엘리자(ELIZA)를 살펴보자. 엘리자에게는 '로저스 학파의 심리치료자'라는 꽤 특수한 역할이 부여되었다. 컴퓨터는 카운슬러이고 대화자는 클라이언트, 그리고 양자의 대화는 심리 임상 카운슬링 장면이라는 색채를 띠고 있다. 이 프로그램이 사용되는 상황은 앞에서 소개한 튜링 테스트 바로 그 자체이다. 대화자는 타이프라이터를 통해서 컴퓨터=엘리자에게 말을 건다. 컴퓨터는 엘리자라는 프로그램이 하는 대로 문장을 판단하고, 응답을 만들고, 타이프라이터를 통해 문자를 만들어 낸다. 와이젠바움은 엘리자와의 대화 기록의 일례를 다음과 같이 소개하고 있다.

엘리자와의 대화
C: 당신은 우리 아버지와 닮았습니다.
E: 어떤 유사점이 있습니까?
C: 그다지 적극적이지 않은 점. 하지만 나에게 그런 점을 드러내지 않았으면 좋겠어요.
E: 왜 내가 적극적이지 않다고 생각합니까?
C: 나에게 논쟁을 걸어 오지 않으니까요.
E: 내가 당신과 논쟁을 하지 않는 것은 왜 그렇다고 생각하나요?
C: 내가 무서우니까….
E: 내가 당신을 무서워해서 만족합니까?

정확함에 관해서 스스로 다시 물을 수 있었다(제1장). 의도와 목적이 없는 자동기계에 지나지 않는 튜링 기계는 이것을 할 수 없다. 기계에게 기호는 어떤 의미도 없고 따라서 계산 결과의 옳고 그름에 관해 스스로 음미할 여지가 없기 때문이다. 옳은 결과와 틀린 결과의 구별이 가능하지 않다고 하면 그것을 과연 계산이라고 부를 수 있을까. 결

이러한 너무나도 임상심리학자다운 응답 모양새에 대해 대화를 한 사람들 모두 '컴퓨터와의 깊은 감정적 교류를 갖게' 되어 엘리자를 '인간과 동등하게 대접하려고 하였다'고 와이젠바움은 말한다. 당연히 그의 연구를 그때까지 봐 왔던 그의 비서는 엘리자가 컴퓨터 소프트웨어라고 알고 있음에도 불구하고 엘리자와 대화를 한창 나누던 중 와이젠바움에게 방에서 나가 달라고 부탁할 정도였다고 한다. 엘리자는 대화 상대자에게 지성과 일종의 아이덴티티의 존재를 느끼게 하였다. 즉 튜링 테스트에 합격한 것이다. 그리고 많은 사람들이 이 인공 카운슬러와의 대화에 열중해서, 어떤 정신과 의사는 이 엘리자를 임상 현장에 도입하라는 학술 논문을 발표할 정도였다(Colby et al., 1966).

엘리자의 성공에는 기술적인 비밀이 있는데, 그것은 '로저스 학파의 심리치료자'라는 역할에 감추어져 있다. 이 심리요법의 기법은 '비지시적 상담'이라고 불리는 것으로 상대방(클라이언트)의 말을 반복해서 되돌려주는 특징이 있다. 그리고 컴퓨터에 이러한 응답을 시키는 것은 비교적 쉽다. 간단하게 말하자면 상대방의 말에 나타나는 인칭대명사 '나'를 '당신'으로 바꾸고 그 이후는 질문의 문장으로 조정하면 된다. 응답의 형태는 미리 프로그램화된 대본에 의해서 어느 정도의 변주를 갖추고 있다.

와이젠바움은 기술적으로 인간과의 대화를 구성하기 쉽다는 그 이유만으로 엘리자를 카운슬러로 꾸몄는데, 실제로는 사람들이 가진 카운슬러상에 잘 부합한 비지시적이고 수용적인 상담 방식을 절묘하고 정교하게 시뮬레이션한 것에 불과한 것이었다.

아무리 절묘하고 정교하게 시뮬레이션했다고 해도 그것만으로 대화 상대자가 지성이 있는 존재와 마주하고 있다고 느낄 수 있는 것일까? 그뿐만 아니라 기계는 임상가라고 하는 아이덴티티도 몸에 두르고 있다. 물론 엘리자는 임상심리학의 지식이 프로그램화되어 있는 것도 아니고, 엘리자가 매회 면담의 경험을 축적하고 있는 것도 아니다. 이 장의 처음에 등장한 모형과 똑같이 주어진 입력에 대응한 출력을 문자 그대로 기계적으로 반복하고 있는 것에 불과하다. 엘리자가 소프트웨어 기술적으로 지적인 인격을 가진 카운슬러가 아니라는 것은 명백하다.

여기서 주의를 기울여야 하는 것은 대화 상대자가 엘리자의 모놀로그에 잠자코 귀를 기울이고 있는 것이 아니라 대화라는 커뮤니케이션 관계 속에 있다는 점이다. 엘리

국 의도와 목적이 결여된 기계는 계산 같은 것 따위를 하고 있지 않은 것 아닌가?

튜링 기계는 계산하는 인간과 다름없다. 이러한 비트겐슈타인의 의외의 주장의 배경에는 '규칙에 따르는' 것을 둘러싼 그의 철저한 고찰이 있었다. 그리고 이러한 일련의 고찰과 논의는 이윽고 인공지능

자의 지성은 바로 대화라는 양자의 적극적인 참가를 기초로 하는 상호 교섭 안에서 인식되고 있는 것이다. 엘리자의 지성은 컴퓨터 안에 프로그램화라는 형태로 내장된 다양한 기술적 장치(device)가 만들어 내는 것이 아니라 대화라는 양자의 협조 관계 안에서 만들어져 유지되는 것이다. 양자의 발화가 대화의 의미에서 제대로 조화를 이루는 것이 엘리자의 지성을 뒷받침하는 버팀목이 된다. 대화를 나누는 자신은 누구인가, 상대방은 누구인가, 어떠한 상황인가 같은 것들이 대화 관계 안에서 공동으로 유지되고 있는 것이다.

즉 마음이나 지성이라는 것이 실제 커뮤니케이션 과정에서 우리 눈에 마치 '실체'로서 보이는 것이다. 즉 극히 적은 수의 응답만을 하는 셈이지만 그 응답의 끈을 연결해 가면서 마치 점과 선으로 연결되어 뭔가 마음이 있는 것처럼, 즉 그 응답이 지적이라고 해석하려고 하는 것이다. 뭔가 마음이 있는 느낌이 든다는 식으로 생각하면 역시 다른 여러 응답도 그럴듯하게 들린다고 하는 일종의 순환이 만들어지는 것이다.

반복해서 말하고 있듯이 엘리자에게 카운슬러라는 아이덴티티를 부여하고 있는 것은 정밀한 소프트웨어 기술이 아니다. 엘리자에게 그 특정한 아이덴티티를 부여하고 있는 것은 늘 클라이언트로서의 하모니를 울려 퍼지게 하면서 계속 말하는 대화 상대자이다. 대화 상대자의 존재 없이는 엘리자의 지성도 아이덴티티도 나타나지 않는다. 물음을 던지고 서로 계속해서 대답하는 이 대화를 유지하는 것 없이는 엘리자의 지성은 탄생하지 않는다.

여기서 대화자가 다른 종류의 대화를 구성하는 것도 가능하다. 임상 카운슬러로서의 엘리자의 튜링 테스트를 정지하고 잡담을 하는 엘리자의 튜링 테스트로 바꾸어 보기로 하자. 그러면 그토록 조화로웠던 양자 간의 대화가 곧바로 불협화음에 빠져 삐걱거리기 시작하는 것을 알 수 있을 것이다. 엘리자는 잡담의 튜링 테스트에는 결코 합격할 수 없다. 의미에 대한 해석이 필요한 문장에서는 종종 어림짐작이 어긋난 응답을 한다든지 자신에게 던져진 질문에는 대답을 하지 못할 것이다. 만약 대화자가 일상적인 회화를 시작하면 엘리자의 지성도 아이덴티티도 바로 그 자리에서 붕괴되고 곧바로 잘 만들어진 기계가 앵무새처럼 말을 잘 하고 있다는 것을 모두 알아차리게 될 것이다.

연구가 직면하게 될 곤란을 어떤 면에서 정확하게 예고하고 있었다.

1960년대 시점에서 인공지능의 선구자들은 아직 미래를 낙관적으로 예측하였다. 1967년 마빈 민스키Marvin Minsky, 1927~2016는 "이제 한 세대만 지나면 '인공지능'을 만드는 과제는 실질적으로 해결될 것이다"[12]라고 호언장담하였다. 그런데 그렇게 말한 그가 15년 후에는 "인공지능은 지금까지 과학이 직면한 최대의 난문이다"[13]라고 말하면서 이 문제를 해결하려면 아직 한참 멀었다는 것을 인정하지 않을 수 없게 되었다.

인간의 지능을 구성하는 여러 규칙을 모조리 열거함으로써 마치 인간처럼 지적인 기계를 프로그램하려고 한 당초의 인공지능 연구는 현재는 '구식의 인공지능'GOFAI: Good Old Fashioned Artificial Intelligence이라 불린다. 1980년대에 돌입한 무렵에 GOFAI는 확실히 막다른 골목에 다다랐다. '규칙을 열거한다'는 방식으로는 기계가 미리 규정된 규칙의 틀에 묶이게 되어 그 바깥으로 나갈 수가 없다. GOFAI는 고정된 문맥 안에서 주어진 문제를 푸는 것 이상의 것을 할 수 없는 상태가 되고 말았다.

1972년 발표한 《컴퓨터는 무엇을 할 수 없는가?》What Computers Can't Do: The Limits of Artificial Intelligence에서 철학사를 읽고 비트겐슈타인의 규칙을 둘러싼 논의를 참조하면서, GOFAI의 한계를 특정한 사람이 바로 휴버트 드라이퍼스다. 명시된 규칙에 따르는 것만으로 '자율적인 지성'은 탄생하지 않는다. 그 벽을 넘어서기 위해서는 형식적 규칙의

---

12 Marvin Minsky, *Computation: Finite and Infinite Machines*, Prentice Hall, Englewood Cliffs, N. J., 1967, p. 2.

13 Gina Kolata, How Can Computers Get Common Sense?. *Science*, Vol. 217, No. 24, September 1982, p. 1237.

존재를 미리 상정하는 것과는 별도의 접근 방식으로 인간의 지성을
말하는 시도가 필요하다.

이때 열쇠가 되는 것이 시시각각으로 변화하는 '상황'에 참가할
수 있는 '신체'가 아닐까? 목적과 의도를 가진 신체적인 행위야말로
지능의 기반에 있다는 것을 가장 무겁게 봐야 한다고 드라이퍼스는 주
장하였다.

신체를 가진 기계를 만드는 것. 이것이 인공지능을 실현하는 확
실한 수단이라는 생각은 생전의 앨런 튜링도 갖고 있었다. 그러나 그
렇다고 하더라도 당시의 기술로는 '실행 불가능'하다고 생각해서 일
단 최저한의 신체로 가능한 과제에 초점을 맞추려고 하였다. "'뇌만으
로 이루어진' 기계로 어디까지 가능할 수 있을지 해 보자"라고 말이다.

그런데 1980년대까지는 이 '뇌만으로 이루어진' 접근 방식approach
은 확실히 한계를 갖고 있었다. 그래서 튜링이 일단 버리는 카드로 생
각한 '신체'를 다시 무대 중앙에 가져옴으로써 답보 상태를 넘어서려
고 하는 움직임이 나타났다. 돌파구를 연 선구자 중 한 명이 오스트
레일리아 출신의 젊은 로봇공학자 로드니 브룩스Rodney, Brooks, 1954~다.

오스트레일리아 애들레이드에서 태어난 브룩스는 남오스트레
일리아 플린더스대학Flinders University에서 수학 박사 과정을 중퇴한 후,
기계 덕후였던 소년 시절의 꿈을 좇아 미국 스탠퍼드대학 조교로 과
학자 한스 모라백Hans Moravec, 1948~ 밑에 들어가게 된다. 지금은 청소
하는 로봇인 룸바Roomba를 만든 부모로 알려져 있고, 로봇계를 이끌고
있는 카리스마 있는 과학자로 활약하고 있는 브룩스지만 당시는 아직
무명의 젊은이에 불과하였다.

한편 모라백은 굉장히 독특한 연구자로 이미 스탠퍼드대학에서
독자적인 지위를 구축하고 있었다. 당시 그는 연구실의 지붕을 지탱

하는 서까래 위에 작은 침실을 만들어 놓고 퇴근도 하지 않고 연구에 몰두하였다고 한다. 머릿속에는 언제나 장대한 과학적 아이디어가 소용돌이쳤다. 실세계를 자유롭게 움직일 수 있는 로봇을 만드는 것 또한 그가 늘 그리고 있는 꿈 중 하나였다.

그런데 그의 화려한 꿈에 비해서 현실에서 움직이는 로봇은 단순하였다. 그가 개발에 참여하고 있었던 것은 스탠퍼드의 '카트'Cart라 불리는 로봇으로, 장애물을 피하면서 방의 이쪽에서 저쪽까지 이동하는 것을 일단 목표로 한 것이었다. 이 로봇은 영상을 카메라로부터 읽고 나서 방의 3차원 모델을 구축하고, 그 모델에 기초해서 이동 계획을 세운 후 겨우 움직이기 시작하는 장치였다. 즉, 15분 계획하고 나서 1미터를 나아가고 또 계산하고 나서 움직이는 그런 시스템이었다. 로봇을 제어하고 있는 중앙 계산기를 다른 동료가 연구를 위해 사용하고 있을 때는 15분 걸리던 계산이 시간 단위로 넘어가는 때도 있었다. 누군가가 연구실을 가로지르거나 장애물의 배치가 바뀌면 1부터 다시 계산을 시작하는 형국이었다.

장애물을 피하면서 방을 가로지르는 것만으로도 몇 시간이나 걸리는 기계. 그것이 당시 세계에 존재하는 최첨단 로봇의 현실이었다. 이것을 본 브룩스는 뭔가를 근본적으로 바꿀 필요가 있다고 통절히 느꼈다.

몇몇 연구실을 전전하면서 수행修行을 거듭한 브룩스는 1984년에 급기야 MIT에서 자신의 연구팀을 발족시킨다. 거기서 로봇을 제어하기 위한 새로운 설계에 관해서 원리적인 고찰을 시작하였다. 그리고 '로봇이 움직이기 위해서 외부 세계의 모델을 미리 구축할 필요가 있다'는 그때까지의 과학적 억측에 문제가 있다는 결론에 도달하였다.

외부 세계의 정보를 지각하고 나서 내부 모델을 구축하고 계획을 세우고 나서 움직인다. 이 프로세스는 너무나도 시간이 오래 걸린다. 이 일련의 길고도 긴 과정을 두 단계로 압축해 보는 건 어떨까? 즉 복잡한 인지 과정 전체를 '지각'과 '행위'의 두 단계로 나누는 것이다. 이런 브룩스의 발상은 중간에 개입하는 모든 것을 통째로 빼 버리는 대담무쌍한 아이디어였다. 브룩스 자신의 말로 하자면 "지금까지의 인공지능 연구가 '지능'이라고 생각해 왔던 것을 모두 생략하는" 시도였다.[14]

브룩스는 로봇이 뭔가를 지각한 순간 곧바로 행위해야 한다고 생각하였다. '표상'하거나 생각하는 과정은 빠른 행위를 하려고 할 때는 장애일 뿐이다. 문제는 '표상 없는 지성'Intelligence without representation이라는 이 대담한 착상을 어떻게 해서 실제로 로봇에 장착하는가였다.

그는 다음과 같은 메커니즘을 생각하였다. 즉 로봇의 행동을 위한 제어계를 하층부터 상층으로 서로를 포섭subsume하는 층상層狀으로 구축하는 것이다. 처음 그가 만든 로봇인 앨런Allen의 제어계는 전부 세 가지 층으로 구성되어 있다. 최하층은 물체와의 충돌을 피하기 위한 단순한 운동 제어를 담당한다. 물체에 닿거나 센서가 가까이서 물체를 감지하면 그것을 피하기 위한 움직임이 여기서 생성된다. 일일이 외부 세계의 모델을 만드는 것이 아니라서 이 계산은 순식간에 끝난다. 중간층은 로봇이 무작정 거닐며 돌아다니게 한다. 중간층이 움직이고 있는 동안에도 하층의 제어계는 계속 움직이기에 중간층은 물체와의 충돌에 관해 고려할 필요가 없다. 최상층은 목표로 하는 행선지를 결정하고 거기를 목표로 해서 진행하는 동작의 지령을 내린

14   Rodney Brooks, *Flesh and Machines: How Robots Will Change Us*, p. 36.

다. 목표로 하는 행선지가 없을 때 로봇은 중간층의 지시에 따르며 근처를 빙빙 돈다. 상층이 새롭게 갈 곳을 찾으면 동작이 바뀌어서 상층으로부터의 지령이 움직임을 지배한다. 그동안에도 하층의 제어계는 계속 움직이고 있으므로 상층은 물체와의 충돌에 관해서 고려할 필요가 없다.

이렇게 하나의 중앙에서 신체 전체를 통제하는 대신에 몇 층이나 되는 층들의 제어계가 서로를 포섭하면서 병행해 움직임으로써, 브룩스의 로봇은 외부 세계의 모델을 구축하지 않고 재빠르게 실제 세계 안에서 움직이고 돌아다닐 수가 있었다. 브룩스는 이것을 '포섭 구축'subsumption architecture이라고 이름 붙였다.

그의 이런 발상의 원류는 곤충이다. 브룩스는 아무리 봐도 곤충이 당시의 어떤 로봇보다도 공교히 움직이고 있다는 것에 놀라게 된다. 신경세포의 수로부터 추정하자면 그들이 가진 '계산력'은 당시의 계산기와 큰 차이는 없을 것이다. 그럼에도 불구하고 왜 곤충에게는 가능한 것이 로봇에게는 불가능한 것일까? 이 물음을 탐구해 나가는 과정에서 브룩스는 '표상 버리기'라는 아이디어에 당도하게 된다.

실제 세계에서 일어나고 있는 것을 느끼기 위한 센서와 동작을 재빠르게 수행하기 위한 모터가 있으면 외부 세계에 관해서 일일이 기술할 필요가 없다. 외부 세계의 3차원 모델을 상세하게 구축하지 않아도 세계의 상세한 데이터를 세계 그 자체가 늘 갖고 있기 때문이다. 그다음에는 필요할 때 필요한 만큼의 정보를 그때그때 세계로부터 가져오면 된다. 브룩스의 멋진 표현을 빌리면 "세계 자신이 세계의 가장 좋은 모델"the world is its own best model인 것이다.

브룩스는 이렇게 해서 생명다운 지능을 실현하기 위해서는 '신체'가 불가결하다는 것, 그리고 지능은 환경과 문맥으로부터 분리해서 생

각해야 하는 것이 아니라 상황에 묻혀 있는situated 것으로 이해해야 한
다고 간파하였다. 그렇게 해서 그는 기존의 인공지능 연구 흐름에 '신
체성'embodiment과 '상황성'situatedness이라는 두 가지 통찰을 가져왔다.[15]

계산에서 생명으로

'인지란 계산이다'라는 가설로부터 출발한 것이 인공지능과 인
지과학의 첫 번째 탐구 방법이었다. 그런데 보다 인간다운 지능에 육
박하려는 시행착오를 거치면서 다양한 새로운 연구 방법이 나오게
되었다.[16]

계산 그 자체를 마음의 모델로 간주하는 애초의 접근 방식은 종
종 '인지주의'라 불리는데, 인지과학의 탄생 이후 1970년대까지는 인
지주의가 주도하는 시대가 계속되었다. 그런데 1980년대에 들어서
자 '연결주의'가 각광을 받기 시작한다. 이 관점은 인간의 뇌를 모방한
인공 '중립망/네트워크'neutral network를 사용해서 마음의 메커니즘을 규

---

15   [옮긴이] 따라서 뭔가를 인식하고 지각한다는 것은 '그림 맞추기 게임'(puzzle game) 같
은 기계적 확정성의 끝에 나타나는 슈퍼맨이 아니다. 인식과 지각은 정지된 상태에서
머리(예컨대 표상)만을 이용해서 사실과 사물을 추상적으로 포장한 명사들을 주워 담
는 것이 아니라 몸을 움직이고 만남 속에 계시되는 무한한 가능성과 의외성에 내 몸을
던져 엉켜 보는 것이다. 열린 마음으로 또는 상황과의 만남이 간직한 힘과 신비에 경
외하는 자세로. 그러므로 말하자면 '앎'은 야구 글러브가 아니라 권투 글러브를 끼고
하는 운동이다.

16   Evan Thompson, *Mind in Life*. 이 책에서 저자는 인지과학으로의 주요 접근 방식을 세
가지, 즉 인지주의(cognitivism), 연결주의(connectionism), 신체화된 역학계주의(em-
bodied dynamicism)로 정리하고 해설하고 있다. 이 책에서 이하의 기술도 이 정리를 바
탕으로 하고 있다.

명하려는 방법이다.

인지주의 관점에서는 인간의 지능 중 주로 추상적인 문제 해결 능력에 초점을 맞춘다. 예를 들면 퍼즐의 해결과 정보의 검색, 혹은 논리적인 추론 등은 '기호 조작으로서의 마음'이라는 발상과 궁합이 잘 맞다. 이때 문제가 되는 것은 어디까지나 지능을 실현하는 소프트웨어이고 하드웨어와 그것을 둘러싼 환경은 부차적인 역할밖에 부여되지 않는다.

연결주의는 고정된 기호 대신에 인공 중립망 네트워크 내부의 상태를 표상으로 본다. 인지주의가 애당초 계산과 논리적 추론 등 비교적 고도의 인지 능력을 틀로 삼은 것에 비하면, 연결주의는 패턴 인식과 행동의 생성 등 인간뿐만 아니라 많은 동물에게도 공통적으로 볼 수 있는 보다 원시적인primitive 과제를 중시하는 경향이 있다.

나아가 인지주의에서 기호 처리 과정이 환경으로부터 닫혀 있는 것에 비해 연결주의는 외부와의 상호작용에 열려 있다. 단 네트워크로의 입력은 설계자가 일방적으로 결정하기 때문에, '외부'는 어디까지나 미리 고정되어 있다. 스스로 현실 세계에 작용을 가하고 움직여서 환경과 상호작용할 수 있는 신체를 갖지 않는다는 점에서 이 관점에서 상정되어 있는 주체 또한 인지주의의 경우와 똑같이 현실로부터 분리된 공중에 붕 떠 있는 채로다.

인지 주체는 자신과 독립한 외부 세계를 기호 혹은 중립망 네트워크의 내부 상태 등을 사용해서 표상하고 있다. 그런데 인지 주체의 내면과 외부 세계를 확연히 구분하는 이러한 데카르트적인 이원론을 극복하려고 하는 것이 브룩스의 로봇으로 대표되는 '신체성'과 '상황성'을 중시하는 관점이다. 여기서는 마음을 닫힌 기호 체계로서도 아니고 중립망 네트워크로서도 아닌, 시간과 함께 변화해 나가는 신체적 행위와 불가분한 것으로 본다.

브룩스가 지적한 대로 전신의 감각기관을 이용해서 언제라도 현실 세계와 만날 수 있는 주체는 외부 세계를 표상한 모델을 내면에 구축할 필요가 없다. "세계의 일은 세계 그것 자체가 정확히 기억해 주고 있다." 그렇다고 한다면 인지 주체의 일은 외부 세계에 대한 정밀한 표상을 만드는 것이 아니라 환경과 끊임없이 상호작용하면서 현재의 지각 데이터를 단서로 삼아 적확한 행위를 재빠르게 생성하는 것에 있다. 생명에게 세계를 **묘사**하는 것 이상으로 중요한 것은 세계에 **참가**하는 것이다.

미리 고정된 문제를 해결하는 것뿐만 아니라 환경에 기반을 두고 있는 신체를 이용해서 계속 변화하는 상황에 대응하며 유연하고 나긋나긋하게 예측할 수 없는 세계에 **계속 있는 것**. 그것이야말로 인간 그리고 모든 생명체에게 가장 절실한 일이라는 통찰이 여기서 싹튼다. 수학의 문제를 푸는 것보다, 체스로 다른 사람을 이기는 것보다, 고양이 화상을 인식하는 것보다, 중요한 생명체의 임무는 무엇보다도 **그 장에 있는** 것이다.

튜링은 계산에서 신체와 환경이 맡는 역할을 일단 사상함으로써 순수한 계산을 논리적으로 묘출하는 데 성공하였다. 그러나 인공지능 연구의 다양한 접근 방식으로부터 시행착오를 거쳐서 서서히 부각된 것은 생명체의 지성이 신체와 환경으로부터 분리된 것이 아니라 얼마만큼 이것들과 서로 섞여 있는가이다. 순수한 계산의 개념으로부터 출발한 인지과학의 탐구는 이렇게 해서 외잡猥雜하고, 잡음으로 가득한 '생명'에 부딪히게 되었다.

인공생명

2018년 여름 일본 오다이바台場에서 '인공생명'Artificial Life을 주제로 한 국제 학회가 개최되어 로드니 브룩스도 여기에 참여하였다. 인공생명이란 '그렇게 될 뻔했던—그럴 수도 있을 생명'life as it could be이라는 미지의 가능성을 추구하는 학제적 분야다. 과학자 크리스토퍼 랭턴Christopher Langton, 1949~의 호소에 의해 'ALIFE'라고 이름 붙여진 첫 국제회의가 열린 것은 1987년의 일이다.

인공지능 연구에서 출발한 브룩스의 로봇은 생명답게 행위하는 기계를 만들려고 한다는 점에서 인공생명 연구로서의 측면을 갖는다. 실제로 1994년에 열린 네 번째 국제회의는 브룩스가 좌장을 맡고 MIT에서 개최되었다.

브룩스의 로봇은 지능과 생명이 불가분하다는 생각을 여실히 말해 주고 있다. 지능을 만들기 위해서는 먼저 생명을 만들지 않으면 안 되는 것 아닌가. 이렇게 생각하고 있는 연구자가 지금도 적지 않다. 인공생명 연구자 모두가 로봇을 사용하는 것은 아니다. 브룩스처럼 로봇을 사용하는 '하드'로부터의 접근 방식도 있고, 소프트웨어에 생명다운 시스템을 실현하려고 하는 '소프트'로부터의 접근 방식, 화학 반응과 유전자공학에 의한 접근 방식 등 다양한 방법이 있다. 접근 방식이 무엇이든, 생명답게 행위하는 시스템을 인간의 손으로 구축하려는 것이 인공생명 연구의 목표다.

필자 자신도, 대학 시절에는 한동안 로봇을 개발하는 연구실에 있었다. 철이 들고 나서 계속 농구를 했던 것도 있고 해서, 신체와 지성의 관계를 깊이 연구하고 싶다고 생각한 나는 대학 입학 후에 브룩스의 존재를 알고 그에 몰입하여 그의 사고의 궤적을 더듬었다. 공학

부를 졸업한 후에는 이학부 수학과에 편입하기 위해 잠시 로봇 세계에서 멀어져 있었지만, 브룩스가 일본에 온다는 사실과 국제회의에서 예정되어 있었던 그의 기조강연을 진심으로 기대하고 있었다.

국제회의 3일째, 브룩스는 인공생명 연구의 개척자 가운데 한 사람으로서 기조강연을 하였다. 그는 철학자도 생물학자도 인공지능과 인공생명 연구자도 모두 다 '메타포의 희생자'가 아닌가 하는 도발적인 문제를 제기하였다.

어느 시대에나 사람들은 미지의 사물을 자신의 수중에 있는 개념에 비유함으로써 이해해 왔다. 과거 인간의 마음을 증기기관의 비유로 말하는 일도 있었다. 현대의 인공지능과 인공생명 연구자는 '계산'이라는 개념에 의지해서 계산기의 메타포로 지능과 생명의 메타포에 육박하려고 한다. 그런데 브룩스는 이것이 옳은 메타포인지 새삼 묻고 있다.

2001년 《네이처》에 게재한 논문 〈물질과 생명의 관계〉The Relationship Between Matter and Life에서, 브룩스는 현대 문명으로부터 백년간 격리된 사회를 상상하면서, 그 당시를 살아가는 과학자들이 만약 현대의 계산기computer를 보면 과연 그 구조를 이해할 수 있을지 물음을 던지고 있다.

아마도 과학자들이 백년 전 수학에서 출발해 튜링과 똑같이 '계산'이라는 개념을 발견하기 전에는 컴퓨터의 구조를 이해할 수 없을 것이라고 브룩스는 말한다. 컴퓨터가 어떻게 해서 '영상'을 처리하고 음악을 재생하고 메일을 보내고 받는지, 그 모든 것을 '통일적'으로 설명하기 위해서는 '계산'computation이라는 키 콘셉트key-concept가 무슨 일이 있더라도 필요하다.

지능과 생명을 이해하는 것도 이것과 비슷할 가능성이 있다. 즉,

그에 적합한 은유 혹은 '열쇠'가 되는 개념의 발견을 통해 지금까지 '수수께끼'라고 생각한 문제의 많은 부분이 한꺼번에 풀릴 가능성이 있다. 역으로 그에 적합한 개념이 발견될 때까지는 아무리 연구를 계속해도 해결이 나지 않을 가능성도 있다. 그런데 '계산'이라는 개념이 지능과 생명을 이해하기 위한 적절한 '메타포'라는 보증은 어디에도 없다.

무어의 법칙[17]에 따라 지금까지 인류가 손에 넣어 온 계산 자원은 나날이 비약적으로 증대해 왔다. 작년에 불가능했던 것이 올해는 가능하게 되고 어제 불가능했던 것이 오늘은 현실이 된다. 그렇게 해서 지금도 과학자들은 계산기의 힘에 기대어서 계속 걷고 있다. 그런데 브룩스는 정말 이대로 괜찮은 것인가 묻는다. 오로지 논문만 계속 쏟아져 나오고 있긴 하지만, 본질적인 돌파구가 열릴 기미는 아직 없다. 이대로는 마치 '계산 중독'에 빠진 것 아닌가 하고, 그는 인공지능, 인공생명 연구에서 보이는 현상을 신랄하게 비판하였다.

브룩스는 인공지능 연구에 큰 변혁을 가져온 혁명아다. '표상'도 '이성'도 없이 생물다운 지능을 실현하려고 한 그 시도가 얼마큼 상식을 전복시키는 일이었는지 아무리 강조해도 부족하다. 그런데 그의 탁월한 통찰은 모든 것을 해결하는 마법의 일격은 아니었다. 브룩스가 포섭 기구를 제창하고 나서 약 30년이 흐른 지금, 현실의 로봇과 생명 사이에는 여전히 큰 갭이 펼쳐지고 있다.

17　'반도체 소자에 집적되는 트랜지스터는 18~24개월에서 두 배로 증가한다'는 경험칙에 기초한 장래 예측. 원래는 미국 인텔사의 창업자 중 한 명인 고든 무어(Gordon E. Moore)가 1965년에 제창한 아이디어(이때는 1년만에 두 배로 증가한다고 보았다)에서 유래한다.

포섭 기구는 청소 로봇 '룸바'에도 탑재되어 있다. 브룩스가 공동 설립자 중 한 명인 미국 아이로봇사는 1990년 창립 이래 3천만 대 이상의 룸바를 세상에 내보냈다고 한다. 그런데 룸바가 아무리 편리하다고 해도 생명을 만드는 목표까지의 거리는 아직 너무나도 멀다.

현실은 만만치 않다고 브룩스는 말한다. 예를 들어 훌륭한 체조 연기를 보여주는 인형 로봇 '아틀라스'와 거친 경사길과 턱이 있는 곳을 아무렇지 않게 움직이는 사족 보행 로봇 '스폿' 등, SNS상에서 확산되어 종종 화제가 되고 있는 영상을 보면 '로봇이 인간을 넘어서는 날도 멀지 않았다'고 느낄지 모르겠다.

그런데 이러한 영상은 신중하게 준비된 장소에서 몇 번이나 촬영을 반복하고 난 후에야 겨우 찍을 수 있었던 '데모 영상'이다. 현실 세계에 풀어놓은 로봇이 실제로 데모 영상과 똑같이 훌륭하게 돌아다닐 수 있을 리 없다.

브룩스 자신도 추천문을 기고한 《AI를 재가동하기》Rebooting AI, 2019라는 책에서 저자 개리 마커스Gary Marcus와 어네스트 데이비스Ernest Davis는 화려한 데모 영상과는 정반대로 현실의 로봇은 문손잡이를 여는 것조차 곤란하다고 지적하고 있다. 그들은 '인간을 넘어서는 로봇'이 무섭다고 한다면 만약을 위해 '문을 닫아' 두면 된다고 비꼼을 담아서 썼다. 특히 문과 문손잡이 색이 똑같은 경우, 로봇은 문손잡이를 손잡이로 인식하기까지의 과정조차도 꽤나 고생할 것이다.

물론 현실에서 많은 로봇이 훌륭히 활약하고 있는 것도 사실이다. 브룩스가 동일본대지진 후 아이로봇사로부터 후쿠시마에 기부한 로봇들은 후쿠시마 제1원자력발전소의 원자로 건물 내의 방사선량과 온도, 습도를 측정하거나 잔해를 이동하는 장면에서 크게 활약하였다. 이 로봇이 없었더라면 원자로의 냉온 정지가 꽤 늦었을 가능성

도 있다고 한다.[18]

그렇다고는 하지만 이러한 '사용할 수 있는' 로봇은 인공생명 연구자들이 목표로 하는 '생명다운' 로봇과는 꽤 다르다. 아이로봇사가 후쿠시마에 보낸 로봇은 인공지능 베이스의 OS를 탑재하였다고는 하지만 문을 여는 것조차 오퍼레이터가 상세하게 방법을 지시할 필요가 있었다고 한다. '계산'과 '생명' 사이에는 여전히 메워야 할 큰 격차가 있다.

지금 당장 도움이 되는 인공지능에 만족하는 것뿐만 아니라 정말로 생명을 만들려고 한다면 계산과 생명 사이에 가로놓여 있는 엄연한 갭을 직시할 필요가 있다. 거기서부터 계산과는 다른 은유, 미지의 개념을 진지하게 찾지 않으면 안 된다. 브룩스는 이처럼 말하고 있었다.

귀의 역학

브룩스의 강연을 들으면서 나는 리만의 마지막 논문을 떠올렸다. 19세기 독일에서 활약한 위대한 수학자 리만. 그가 마지막으로 매달렸던 연구는 의외로 〈귀의 역학〉Mechanik des Ohres이라는 제목의 논문이었다.

이것은 헤르만 루트비히 페르디난트 폰 헬름홀츠Hermann Ludwig Ferdinand von Helmholtz, 1821~1894의 음의 지각 이론(직접적으로는 1863년 초판이 발표된 헬름홀츠의 대표작 《음 감각론》)에 영향을 받아 리만이 가장

18   https://rodney brooks.com/forai-domo-arigato-mr-roboto/(2022년 6월 1일 현재 접속 가능)

만년에 매달린 논문이다. 헬름홀츠라고 하면 열역학에서 에너지보존법칙을 확립한 한 사람으로도 유명한 물리학자인데, 동시에 시각과 청각의 연구로도 탁월한 업적을 남긴 일류 생리학자이기도 하였다. 리만은 그런 헬름홀츠의 연구를 비판적으로 참조하면서 과학에서 '가설'의 위치 짓기에 관해서 시사점이 풍부한 논의를 전개하였다.

논문의 모두에서 리만은 다음과 같이 말한다. 귀 연구에는 크게두 가지 길이 있을 수 있다. 하나는 귀의 해부학적 구조를 밝힌 상태에서 그것이 귀 전체의 작용에 어떻게 기여하는가를 묻는 접근 방식, 또 하나는 역으로 귀의 작동으로부터 출발해서 "어떠한 귀의 구조가 있으면 이 기능을 실현할 수 있을까?" 궁리하며 역방향으로 더듬어가는 접근 방식이다. 리만은 고대 그리스 이래의 전통적인 용어를 사용하여 전자의 접근 방식을 '종합적'이라고 부르고 후자의 접근 방식을 '분석적'이라고 부른다.[19]

리만은 헬름홀츠의 선행 연구에 경의를 표하면서도 그 전제가 되는 방법론의 타당성을 의심하였다. 헬름홀츠 자신은 그의 수중에 있는 해부학적인 아이디어를 귀 전체의 작동을 설명하기 위한 '주어진 원인들'이라고 간주하고 '종합적'인 접근 방식을 채용하였다. 그런데 리만은 이 점에 문제가 있다고 보았다.

부분에서 전체를 설명해 나가는 종합적인 접근 방식은 부분에 관한 완전한 지식이 수중에 있을 때에는 좋으나, '주어진 여러 원인들'

---

19 '분석'과 '종합'의 전통적인 구별은 알렉산드리아의 파포스에게서 유래한다. 이 구별에 의하면 주어진 문제가 해결되었다고 가정하고 거기서부터 원리까지 거슬러 올라가는 것이 분석적 방법이다. 역으로 원리로부터 출발해서 결론까지 논증적으로 전개해 가는 것이 종합적 방법이다. 이 대(對) 개념은 다른 문맥에서 새로운 의미를 띠면서 중세부터 근대까지 계승되어 나갔다. 그 변이 과정에 관해서는 예를 들어 후루타 히로키요(古田裕清)가 쓴 《서양철학의 기본 개념과 일본어의 세계》(제4장)을 참조하라.

이 불완전한 경우에는 이끌어지는 결론도 또한 불완전하게 된다. 무리해서 결과를 현실에 부합시키려고 하면 이론에 나중에 생각난(임시방편의adhoc) 가설이 묻혀 들어온다. 리만은 헬름홀츠 스스로가 바로 이 오류를 범하고 있다고 엄격하게 지적하였다.

헬름홀츠는 실제로 자신의 이론의 부족함을 보충하기 위해 '귀의 작은 뼈가 작은 음을 발한다'는 자의적인 가설을 이론에 잠입시키고 있었다.[20] 리만은 그것을 놓치지 않았다.

그런데 그렇다고 해도 리만이 목표로 한 것은 헬름홀츠의 오류를 규탄해서 논쟁에 승리하는 것이 아니었다. 헬름홀츠의 연구를 어디까지나 하나의 사례로 삼으면서, 그는 이후 과학적 탐구에서 '분석'과 '종합'이 어떤 관계로 존재해야 하는지를 논한다. 종합적 접근 방식에 매달린 헬름홀츠는 해부학적 지식과 귀 전체의 기능과의 이야기 앞뒤를 맞추기 위해 자의적인 가설을 이론에 도입하는 결과를 낳았다.

이에 비해 리만은 귀 전체의 기능으로부터 출발해서 구체적인 내부 구조에 관해서는 블랙박스로 두는 '분석적'인 접근 방식을 제창한다. 전제가 되는 불완전한 해부학적 지식은 일단 손에서 놓고, 최종적인 귀의 기능을 도출하기 위한 이론적 모델을 일단 자유롭게 구상해 보자는 것이다.

물론 이 경우도 이론에 가설을 도입할 필요가 있다. 그런데 가설의 자의성은 주의 깊은 배려로 회피할 수 있다. 가설에 기초하여 제작한 모델의 타당성을 경험과 하나씩 견주어서 검증하고, 가설의 자의성이 드러난 시점에서 그때마다 부적절한 곳을 수정하면서 가설을 갱

---

20   피터 페식(Peter Pesic) 지음,《근대 과학의 형성과 음악》.

신해 나가면 되는 것이다.

물론 그렇다고 해서 리만이 '분석'이 '종합'보다도 훌륭하다고 주장한 것은 아니다. 분석에 의해 가설을 형성하고 종합에 의해 그 타당성을 검증한다. 분석과 종합은 대립하는 것이 아니라 상보적인, 상호 의존적인 관계에 있다. 이때 리만이 고찰 대상으로 삼은 것은 어디까지나 귀의 메커니즘이었는데, 여기서 제안된 과학적 연구 방법은 인간의 지능을 연구할 때에도 유효하다.

추론과 기억, 계산 등 인간다운 지능을 재현하기 위해 뇌에 관한 불안전한 해부학적 지식에 'adhoc적'인 가설을 덧붙여 나가는 것이 아니라 목표로 해야 할 지능을 실현하기 위해 뇌가 어떻게 작동하고 있는지를 자유로운 가설적 추론으로 고찰하는 것이다.

그런데 이것이 바로 현대 인지과학에서 채용하고 있는 방법이다. 추론과 기억, 계산 등 인간 지능의 여러 측면들을 재현하기 위한 모델을 그린다. 모델을 계산기에 실제로 장착해서 그 움직임을 인간과 비교함으로써 가설의 타당성을 검증해 나간다. 리만이 여기서 제창한 방법은 현대에는 오히려 상식이라고 말할 수 있을지 모르겠다.

그러나 리만이 애써 이러한 것을 논할 수밖에 없었던 이유는 과학적 탐구에서 '종합'과 '분석'의 상보성이 종종 사라지기 때문이다. 예를 들면, 유클리드 기하학의 공리가 '소여의(주어진, 흔들리지 않는) 가정'이고 그것 이상으로 원인을 거슬러 올라갈 수 없다는 시점은 19세기까지는 상식이었다. 유클리드 기하학이야말로 '순수한 종합'의 범례라고 다들 믿고 있었다. 이에 비해 숨겨진 가설의 자의성을 드러내어 자유로운 가설 형성에 의해서 새로운 기하학을 창조한 것은 리만 본인이다.

어떠한 종합적 탐구의 기점도 그것에 앞서는 분석적 탐구의 귀결이다―이것은 리만이 스스로의 수학을 통해서 당도한 전율해야 할 확신이다. 리만 스스로도 다음과 같이 말한다.

> 순수한 종합적 연구도 분석적 연구도 가능하지 않다. 어떤 종합도 거기에 앞선 분석의 결과에 의존하고 있고, 어떤 분석도 경험에 의한 검증을 위해 후속하는 종합을 필요로 하기 때문이다.

'종합'에는 그것에 앞서는 '분석'이 있다. 가설은 주어지는 것이 아니라 탐구와 함께 형성되는 것이다. 이것이야말로 리만이 마지막 논문에서 호소하려고 한 것은 아닐까.

그럼에도 사람은 몇 번이나 똑같은 오류를 반복한다. 누구든지 자신이야말로 옳은 디딤대 위에 서 있다고 믿고 있다. 계산기가 투명한 미디어가 아니라 '순수한 계산'이라는 관념 자체가 조금도 순수하지 않다는 것을 잊어버리면 우리는 또한 리만이 경계한 오류를 반복하게 된다.

현대의 '계산'이라는 개념도 또한 분석과 종합의 반복 끝에 형성된 지적 탐구의 과실이다. 고대 그리스의 수학, 산용숫자와 필산, 데카르트의 대수기하학, 칸트의 이성 비판, 리만의 개념 형성, 프레게의 논리학…. 이 중 어느 하나라도 빠졌다면 지금과 똑같은 '계산' 개념은 없었을 것이다. '계산'이란 주어진 것이 아니라 창조된 것이다.

계산이라는 은유, 계산이라는 가설의 자명성을 의심하라.[21] 은유

---

21   [옮긴이] 이전에 어느 교사 단체로부터 '신체와 뇌'라는 주제로 강의 의뢰를 받은 적이 있다. 강의의 주된 내용은 뇌에 너무 의지한 시대는 끝나고 앞으로는 '몸의 목소리'를 듣는 시대로… 였다. 그때는 그런 틀로 강의를 하였지만 사실 '지성과 신체'라는 식으로

의 희생자가 되지 않기 위해서 새로운 개념 형성에 계속 도전하라. 이렇게 힘있게 호소하는 브룩스의 말을 들으면서 나는 리만의 이 논문을 떠올렸다. 브룩스는 로봇을 사용해서 새로운 개념 형성에 도전한다. 직관에 의한 것도 아니고 논리에 의한 것도 아닌 신체를 가진 로봇에 이끌린 새로운 개념의 창조다.

계산과 생명의 갭을 메우는 마지막 열쇠가 되는 개념. 그것이 아직 아무도 알지 못하는, 수학으로부터 태어날지 모른다고 브룩스는 말한다. 그에게 지능과 생명의 수수께끼를 푸는 것은 새로운 수학을 발견하는 일이기도 한 것이다.

물론 지능과 생명의 수수께끼를 밝히는 데 필요한 개념은 하나가 아닐지도 모른다. 진화에는 진화를 이해하기 위한, 인지에는 인지를 이해하기 위한, 의식에는 의식을 이해하기 위한 각각의 열쇠가 되는 다른 개념이 있을지도 모른다. 혹은 단지 하나의 개념을 발견함으로써 지능과 생명의 수수께끼가 한꺼번에 풀릴 가능성도 있다. 그 어떤 경우라도 새로운 개념을 찾을 필요가 있다. 로맨틱한 과학자로서 나는 그렇게 믿고 있다. 이렇게 브룩스는 이날의 정열적인 강연을 힘있는 말과 함께 마무리하였다.

이원론적으로 논한다는 것은 "그런 식으로 나눌 수 있습니다"는 하나의 가설일 뿐이다. 그런데 이야기를 한참 하다 보니 아무래도 뇌는 뇌, 신체는 신체라고 두 가지 실체가 있는 것처럼 말하고 있다는 것을 나 자신도 느끼고 말았다. 즉 앞으로는 뇌의 시대가 끝나고 신체의 시대가 될 것이라고 말이다.

그런데 잘 생각해 보면 '뇌와 신체'는 나눌 수 없다. 나눌 수 없는 것을 "일단 '에써' 한번 나누어 봅시다"라고 가설을 이야기하는 셈인데, '가설 이야기'라는 것을 몇 번이나 나 자신에게 확인하지 않으면 바로 현실에 '뇌와 신체'가 이원론적으로 대립하고 있는 것처럼 스스로도 생각해 버리는 일이 일어난다. 따라서 리만이 말하고 있듯이 연구자는 늘 자신이 세운 '가설의 임의성'에 민감할 필요가 있다.

흐름에 몸을 맡겨라 Go with the flow

　수학만큼 고속으로 미지의 개념을 산출해 온 학문은 없다. 그렇게 태어난 개념은 종종 브룩스가 말하고 있듯이 과학의 발전을 구동시키는 강력한 은유로 기능해 왔다. 대수방정식과 좌표의 개념이 없었다면 근대의 역학은 없었을 것이고, 리만의 기하학이 없었다면 아인슈타인의 상대성 이론도 없었을 것이다. 튜링에 의한 '계산가능성' 개념의 정식화가 없었다면 이 세상에 계산기는 없었을 것이고, 인공지능을 둘러싼 과학자의 탐구도 존재하지 않았을 것이다.

　수학은 앞으로도 새로운 개념을 만들어 내고 세계를 읽고 보는 관점을 바꾸어 갈 것이다. 브룩스가 말하고 있듯이 아직 보지 못한, 새로운 수학 중에서 지능과 생명의 수수께끼를 푸는 개념이 발견될지도 모른다.

　그런데 수학은 단지 개념을 만들어 온 것뿐만이 아니다. 수학으로부터 태어난 새로운 개념과 사고 방법은 인간의 '자기상'을 계속 갱신해 왔다. 고대 그리스에서 '연역'이라는 사고법이 발명되었다. 사람이 "이렇게 생각할 수 있는 것이다"라고. 《원론》은 후세 사람들에게 큰 영감의 원천이 되었다. 고대 그리스의 연역적 사고를 모범으로 데카르트는 기하학을 대수적 계산의 세계에 풀어놓았다. 데카르트에게 수학은 명석한 앎에 이르기 위한 사고법의 전범이었다. 어떻게 하면 수학 이외의 학문에서도 똑같은 정도로 명석하게 생각할 수 있는가. 정신을 옳게 이끌기 위한 '규칙'과 '방법'을 그는 계속 찾았다.

　칸트는 데카르트의 '관념' 대신에 '판단'부터 시작하였다. 개인의 내면에서의 앎의 '명석함'보다도 보편적으로 공유 가능한 앎의 '필연성'을 중시하였다. 보편적이고 필연적인 판단을 지탱하는 규칙은 무엇인가. 칸트는 그것을 밝히고자 하였다.

'사고'란 규칙에 따르는 판단의 연쇄다. 이 비전을 극명하게 한 것이 프레게다. 그가 만들어 낸 현대 논리학의 등장으로 규칙에 따르는 판단의 연쇄를 틈없이 엄밀하게 형식적인 인공언어로 표현할 수 있게 되었다. 이 기반 위에서 튜링은 자신의 '계산' 이론을 구축한다.

이윽고 세계대전의 긴장과 위기가 튜링이 구상한 기계를 실제로 장착하도록 하였다. 전후 최초의 디지털 컴퓨터가 완성되어서 규칙에 따르는 판단의 연쇄는 급기야 물리적으로 현실 세계 안에서 작동하게 되었다.

인공지능의 탄생은 서양의 합리주의 철학의 구현이다. 《컴퓨터는 무엇을 할 수 없는가?》에서 드레이퍼스가 가정한 대로, 그 후의 인공지능 연구는 인간의 지능이 단지 규칙에 따르는 것만이 **아니라는 것**을 밝혀 나간다. 지능을 실현하는 데 '상황'과 '신체'가 불가결하다는 것을 간파한 브룩스가 세상에 내보낸 로봇들은 과학자들을 '지능'을 지탱하는 생명의 탐구로 향하게 하였다.

2018년 오다이바에서 열린 인공생명 국제회의의 테마는 'Beyond AI(인공지능을 넘어서)'였다. '규칙에 따르는'follow the rules 것에서 출발한 인공지능에 비해서 여기서는 '흐름에 몸을 맡긴다'go with the flow가 연구자들의 표어가 되었다. 인공지능이 문제를 풀기 위해 이상화된 청결한 공간에서 정확한 계산을 쌓아 나간다고 한다면, 인공생명 연구자는 오히려 '외잡'messy 그리고 '잡음으로 가득한'noisy 환경에 신체를 통째로 풀어놓는 생명의 모습에 육박하려고 한다.

중요한 것은 두 가지 입장의 대립이 아니다. 규칙에 따라서 정밀한 사고를 구축하는 것도 어질러져 있는 환경에 던져져서 살아남으려고 하는 것도 양쪽 모두 인간의 있는 그대로의 모습이다. 사람은 어

길 수도 있는 규칙에 따르는 이성적인 존재인 동시에 혼돈된 세계의
흐름에 참가하고 있는 생명의 일원이기도 하다.

우리는 앞으로도 새로운 개념을 만들고 그때마다 자기상을 갱신
해 나갈 것이다. 미리 결정된 규칙에 자신을 가두기 위함이 아니라 아
직 보지 않은 불확실한 미래로 자신을 던져 나가듯이 계산과 가설 형
성을 계속해 나갈 것이다.

지금과는 다른 '어떤 자'가 **되고** 나서야 비로소 자신이 어떤 자인
지를 안다. '자기 자신을 안다'는 이 오래되고 곤란한 탐구는 언제나 이
섬세한 모순을 숙명으로 짊어져 왔다.

제 5 장

계산과 생명의 잡종hybrid

과거가 미래를 먹고 있다

-티머시 모턴[1]

---

1   티머시 모턴 강연 〈Geotrauma〉
http://ga.geidai.acljp/en/2020/11/30/geotrauma/
(2022년 6월 1일 현재 접속 가능)

작은 돌과 점토를 사용해서 사람이 수를 다루기 시작하였을 무렵, 지상에서 이루어지는 계산의 총량은 얼마 되지 않았다. 당시에는 회계와 같은 일에 종사하는 일부 사람들만이 덧셈과 뺄셈을 천천히 수행하는 것이 전부였다.

그런데 지금 우리는 작은 돌과 점토로는 평생 걸려도 끝나지 않을 계산을 한 손에 들어오는 계산기로 곧바로 끝낼 수 있다. 수십억 사람들이 이러한 컴퓨터를 일상에서 갖고 다니게 된 지금, 문자 그대로 세계는 계산이 넘쳐나게 되었다.

고대부터 현대에 이르기까지 계산의 풍경은 엄청나게 변화를 거듭해 왔다. 그런데 미리 결정한 규칙에 따라 기호를 조작한다는 의미에서는, 점토를 나열하는 것도 컴퓨터를 조작하는 것도 똑같은 일이다. 점토의 힘을 빌려 7과 8을 구별하는 일이든 슈퍼컴퓨터를 사용하여 미래의 기후를 시뮬레이션하는 일이든, 모두 계산의 힘을 빌려서 사람이 태어날 때부터 갖고 있던 인식을 확장하고 아직 보지 않은 미지의 세계에 닿으려고 애써 온 것이다.

계산은 규칙대로 기호를 조작하기만 하는 지루한 절차가 아니다. 계산의 힘을 빌려 사람들은 종종 새로운 개념 형성의 세계로 자신을 이끌어 왔다. 그렇게 함으로써 기지의 의미의 세계는 몇 번이나 갱신되었다. 인간이 현실을 계산하고 있는 것뿐만이 아니라 종종 계산이 새로운 현실을 만들어 내 왔다.

계산을 통해서 새로운 현실을 구축해 나가는 것.

이것은 수학 바깥에서도 진행되고 있다. 백년 후의 기후와 초기 우주의 시공간의 구조, 혹은 진화의 메커니즘 등 과학자들은 오관으로는 닿을 수 없는 영역까지 착실한 계산을 통해 다가서고 있다. 장기적인 기후 변동과 우주 시공간의 구조 등은 직접 눈으로 보거나 손으

로 만질 수 없다. 계산을 매개하지 않으면 도무지 접촉할 수 없는 대상
도 현대의 과학은 새로운 현실로 받아들이고 있다.

계산을 통해 확장된 현실을 사는 것은 물론 수학자와 과학자뿐
만이 아니다. 우리 삶 구석구석에 계산이 깊게 침투하고 있는 지금, 그
누구에게도 계산은 현실의 일부가 되었다.

계산되는 미래

이 장을 집필하고 있는 현재, 코로나19가 전 세계에서 맹위를 떨
치고 있다. 세계의 감염자 수는 1억 명을 넘었고 이 이상의 감염 확대
를 어떻게든 막으려고 세계 각국에서는 외출과 행동을 제한하는 긴급
조치가 이루어지고 있다. 중세 유럽에서 페스트가 대유행하였을 때도
환자의 격리와 도시 봉쇄와 같은 대책이 세워졌다고 하는데, 지금 세
계 각지에서 이루어지고 있는 도시 봉쇄lock down는 수리 모델에 기초
한 시뮬레이션을 통해 이루어지고 있다는 점에서 중세의 경우와는 대
처 방법이 사뭇 다르다.

실제로 2020년 3월까지 집단면역을 얻는 노선으로 코로나19에
대해 완화책을 취하고 있던 영국이 갑자기 강력한 외출 제한으로 정
책 방향을 전환하는 계기가 된 것은 런던임페리얼컬리지Imperial College
London의 '신형코로나바이러스 감염증 대응팀'에 의한 계산이었다. 이
때 발표된 보고[2]에 의하면, '도시 봉쇄' 등의 강력한 대책을 동반하지

---

2   Neil M. Ferguson, Daniel London, Gemma Nedjati-Gilani, Natsuiko Imai, Kylle Ainslie,
MarcBaguelin, et al., Report 9: Impact of non-pharma-ceutical inverventions (NPIs)

않는 완화책을 계속하였을 때, 영국 국내에서만 수십만 명이 사망하고 그로 인해 의료 시스템 능력을 큰 폭으로 초과하고 말 것이라는 예측이 나왔던 것이다. 이 보고를 받고서 영국은 강한 외출 제한으로 극적으로 정책을 전환하게 된다. 그 후로도 계산의 힘을 빌려 앞당겨 맞이한 미래의 위기에서 벗어나기 위해 세계 각지에서 도시 봉쇄가 이루어졌다.

2020년 여름에 온라인으로 공개된 강의 〈'재해'의 환경사: 과학기술 사회와 코로나 재해〉[3]에서 교토대학의 세토구치 아키히사瀬戸口明久는 이렇게 "시뮬레이션이 재해에 도입"된 것이야말로 이번 재해의 현저한 특징이고, 수리 모델에 기초한 정책 결정이 이만큼이나 대규모로 실행된 전례는 없다고 지적하고 있다. 이것은 계산에 의한 미래 예측이 얼마나 우리의 일상이 되었는지를 새삼 일깨워 주는 예다.

물론 인류가 지금 계산을 통해서 열심히 예측하려는 것은 코로나19 감염자 수의 동향과 감염증 대책의 효과뿐만이 아니다. 기업은 막대한 데이터에 기초해서 소비자의 동향을 예측하고, 경찰과 정보기관은 다양한 모델을 구사하면서 범죄를 미리 방지하려고 한다. 컴퓨터가 고속화되고 다룰 수 있는 데이터가 급속하게 계속 증가하면서 우리가 사는 세계의 구석구석까지 예측의 그물망이 드리워져 있다.

지금과 달리 이전에는 계산으로 미래를 예측할 수 있는 일은 결코 당연한 것이 아니었다. 지금으로부터 대략 백년 전 영국에서 세계 처음으로 수치 계산에 의한 일기예보를 시도한 루이스 프라이 리처드슨

---

to reduce COVID-19 morality and healthcare demand, *Imperial College COVID-19 Response Team.*

3   〈'재해'의 환경사: 과학기술 사회와 코로나 재해〉(제1회) https://youtube.com/watch?v=QYZ03nSCID0 (2022년 6월 1일 현재 접속 가능)

Lewis Fry Richardson, 1881~1953은 6시간 분량의 일기 변화를 계산으로 '예보' 하려고 하였는데, 이때 결과를 도출하는 데 6주가 걸렸다고 한다(게다가 계산 결과는 실제 날씨와 일치하지도 않았다). 이처럼 불과 백년 전까지만 해도 계산은 현실을 전혀 따라잡지 못했다. 그럼에도 리처드슨은 "언젠가 막연한 미래에 날씨가 변화하는 것보다 빨리 계산을 할수 있는 날이 올지도 모른다"고 자신의 꿈을 말하였다.

리처드슨은 6만 4천 명이 극장과 같은 홀에 모여서 한 명의 지휘자의 인솔 아래 꼼꼼하게 계산을 진행하는 '예보 공장'을 갖출 수 있으면 현실의 일기에 지지 않을 속도로 세계의 일기를 예보할 수 있게 될지도 모른다고 몽상하였다.[4]

그런데 리처드슨의 꿈을 현실로 바꾼 것은 '계산자'로 넘치는 홀이 아니라 계산기computer의 등장이었다. 1950년 미국에서 탄생한 전자 컴퓨터 '에니악'ENIAC을 사용한 그룹이 24시간의 일기예보를 24시간 안에 실행하는 것에 성공하였다. 그 후 컴퓨터의 속도는 비약적으로 증가해서 지금은 스마트폰을 열면 수 시간 후의 비구름 상태의 예측도 간단히 확인할 수 있다.

일기예보뿐만 아니라 바이러스의 감염 확대와 세계적 규모의 기후 변동, 혹은 방사선 폐기물이 장래에 환경에 미치는 영향 등 인간의 생존에 치명적인 해를 입힐 수 있는 심각한 리스크를 가늠하기 위해서도 밤낮으로 많은 계산이 이루어지고 있다.

문제는 계산으로 미래를 시뮬레이션할 수 있게 되자 그것이 진짜 미래인 양 느끼게 되어 버린 것에 있다. 실제로는 어떤 수리 모델이

---

4 L. F. Richardson, *Weather Prediction by Numerical Process*, Cambridge University Press, London (1922).

라고 하더라도 몇몇 가설에 기초하고 있다. 가설이 틀리면 정확한 계산을 거듭하였다고 해도 얻은 결과는 현실과 일치하지 않는다.

실제로 리처드슨의 '예보'가 현실과 일치하지 않았던 것도 단지 계산이 틀렸기 때문이 아니라 모델 그 자체의 부족함이 원인 중 하나였던 것 같다.[5] 아무리 모델을 개량하였다고 해도 모델은 어디까지나 (복잡한) 현실을 단순화한 것이다. 그로 인해 설령 정확한 계산을 실행하였다고 해도 시뮬레이션 결과를 현실의 미래와 혼동해서는 안 된다.

데이터와 계산의 귀결을 조회해 보면서 가설의 타당성을 되묻고 모델을 계속 수정해 갈 필요가 있다. **자신이 틀릴 수도 있다는** 자각을 언제나 계속 갖고 있지 않으면, 우리는 계산의 전제에 있는 '숨겨진 가설'을 자각하지 못하고 묶여 버리게 된다.

'대가속'의 시대

현대는 '대가속'the great acceleration의 시대라 불리고 있다.[6] 이것은 특히 20세기 중엽부터 인간 활동이 현저하게 증대한 것과 거기에 동반되는 지구 시스템 전체의 변화라고 특징지을 수 있는 시대다.

세계 인구가 10억 명을 돌파하는 데 인류 탄생으로부터 19세기까지의 시간이 걸렸다. 그런데 거기서부터 10억 명을 넘어서 세계 인구가 20억 명을 넘기까지에는 불과 120년밖에 걸리지 않았다. 가속

---

5   미치오 가와미야(河宮未知生) 지음, 《시뮬레이트·더 어스》, p. 23.

6   Will Steffen, Wendy Broadgate, Lisa Deutsch, Owen Gaffney and Cornelia Ludwig, The Trajectory of the Anthropocene: The Great Acceleration, *The Anthropocene Review*, 1-18, 2015.

은 가일층 진행되어 1974년에 40억 명을 돌파한 인구가 약 반세기 만에 그 두 배인 80억으로 팽창하려고 하고 있다.

　이러한 급격한 인구 증가의 결과, 모든 인간 활동의 총량이 증대하고 있다. 예를 들면 1945년 이후에 배출된 이산화탄소의 양은 인류가 탄생한 이후로 이때까지 배출해 온 이산화탄소 총량의 4분의 3을 차지한다. 이 동안 자동차는 4천만 대에서 8억 5천만 대로 증가했고 도시 생활자는 7억 명에서 37억 명으로 증가했다. 1950년에 플라스틱 생산량이 약 1천만 톤이었던 것에 비해 2015년에는 약 3억 톤까지 증가하였다.[7]

　그런데 '가속'하는 것은 인간 활동만이 아니다. 인간 활동의 폭주에 응답하듯이 지구 시스템 전체가 변조를 일으키기 시작했다. 대기 중 온실가스의 축적으로 심각한 지구온난화가 진행되고 있다. 해양의 산성화가 진행되고 생물의 다양성이 엄청난 속도로 사라지고 있다. 지구상의 생물종의 절멸 속도는 자연 요인에 비하면 오백에서 천 배까지도 달하고 있다고 한다. 지상의 생물 전체 중에서 불과 0.01퍼센트의 중량밖에 차지하지 않는 인류[8]가 지상 모든 생물종의 명운을 좌우할 정도로 지구 시스템 전체에 영향을 미치고 있다.

　신흥 감염증의 유행도 또한 이러한 인류 활동의 현저한 가속과 관계가 없지 않다. 삼림의 소실과 급속한 도시화가 이루어지면서 이로 인해 야생동물은 서식의 장을 잃었고 인간과의 적절한 거리를 확보하는 것이 어려워지고 있다. 야생동물이 거래되는 시장에서는 종종

7　J. R. McNeill & Peter Engelke, *The Great Acceleration: An Environmental History of the Anthropocene since 1945*, Belknap Press: An Imprint of Harvard University Press (2016).

8　Yinon M. Bar-On, Rob Phillips, and Ron Milo, The biomass distribution on Earth, *Proceedings of the National Academy of Sciences of the United States of America*, 115 (25).

자연계에서는 있을 수 없는 방식으로 좁은 곳에 동물들을 가둬 두어서 바이러스가 증식하는 온상이 되고 있다. 애당초 야생동물의 수 자체가 인위적인 환경의 교란으로 급속하게 감소하고 있어서 새로운 숙주를 찾아 헤매는 바이러스가 때로는 인간의 세포에 서식하기 시작한다.

야생동물로부터 인간에게 병원체가 이동할 리스크는 이러한 다종다양한 조건에 의해 높아지고 있다. HIV와 에볼라, 조류 인플루엔자와 사스, 메르스 등 야생동물에서 유래한 신흥 감염증은 앞으로 더 높은 빈도로 인류를 습격할 가능성이 있다고 한다.

바이러스가 인체로 이동할 수밖에 없는 조건을 만들어 온 것은 우리 자신이다. 바이러스는 인체에 일방적인 침입자가 아니다. 다루기 까다로운 감염증에 힘들더라도, 지금 우리는 당면의 위기에 대처해야 할 뿐만 아니라 지금까지 우리 자신을 살게 해 준 '숙주(=지구, 생명권)'의 상처와 진지하게 마주할 필요가 있다.[9]

---

9   [옮긴이] 프로이트가 1919년 발표한 〈섬뜩함〉이라는 논문이 있다. 여기서 프로이트는 독일어로 '섬뜩함'을 의미하는 'unheimlich'라는 말에 관해서 독자적인 고찰을 전개한다. 'unheimlich'는 'heimlich'의 부정이다. 'heimlich'을 영어로 바꾸면 'homelike'라서 '집의 일원이고 친하고 서로 흉금을 털 수 있는 관계'라는 뉘앙스를 가진 말이라고 한다. 그렇다고 하면 'unheimlich'는 '집의 일원이 아닌, 친하지 않은 서로 흉금을 털어놓을 수 없는'이라는 의미일까? 반드시 그런 것도 아니라고 프로이트는 말한다.

독일어 'heimlich'에는 '감추어진, 억압된'이라는 두 번째 의미가 있다. 집다운 '친근함'의 마음이 극단으로 치달으면 자신만의 '비밀'이 된다. 프로이트는 자신이 말한 'unheimlich'의 독특한 뉘앙스를 제대로 포착하기 위해서는 이것을 두 번째 의미인 'heimlich'의 부정으로 보는 것이 낫지 않을까 하고 말한다. 게다가 '섬뜩한 것, 수상한 것이란 익숙한 것, 내밀한 것이 억압을 경험한 후에 회귀한 것'이라는 그의 독자적인 해석도 등장한다. 바이러스와 기후 변동은 단지 '마음 편하게 있을 수 있는 집'에 마음 맞지 않는 불편한 타자의 침입이 일어난 것이 아니다.

오히려 우리가 살고 있는 집(=지구, 생명권)이 본래 어떤 장소였는가를 바이러스와 기후가 알려 주고 있는 것이다. 자신이 살고 있는 집의 진실을 직시하는 것. 이것이야말로 프로이트가 말하는 의미에서의 진짜 '섬뜩한' 경험이다.

하이퍼 오브젝트Hyper-Object

계산의 힘을 빌려서 인간이 원래 갖고 태어난 인식을 확장해 나
가지 않는 한, 우리는 바이러스와 빙하, 기후와 지구 규모의 생태계
등 인간의 스케일을 압도적으로 넘어선 대상에 관해 계속 생각할 수
없다. 실제로 컴퓨터를 사용해서 과거와 미래의 기후를 시뮬레이션
할 수 없다면, 애당초 '지구 온난화'라는 현실을 파악하기도 어려울
것이다.

여름 더위는 컴퓨터의 도움을 빌리지 않더라도 실감할 수 있지
만 적어도 과거 6600만 년 중 가장 빠른 속도로 이산화탄소가 대기
중에 축적되고 있다는 사실.[10] 이대로 가면 산업혁명 전과 비교해서
금세기 말에는 4도 이상 세계의 평균기온이 상승할지도 모른다는 사
실.[11] 이러한 사태를 '피부로 느끼는' 것은 이미 불가능하다.

기후와 바이러스 혹은 지구 규모의 생태계 등 인간이라는 범주
를 압도적으로 능가한 크기와 확장성을 가진 대상에 주목하고 이것을
'하이퍼 오브젝트'라고 부른 것은 미국의 라이스대학을 기점으로 독자
의 환경철학을 전개하고 있는 티머시 모턴Timothy Morton, 1968~이다. '하
이퍼 오브젝트'란 단지 '큰 오브젝트'가 아니다. 지구 온난화는 우리의
피부를 태우고, 지구 규모로 확대되고 있는 바이러스는 점막에 달라

---

10 Richard E. Zeebe, Andy Ridgwell, James C. Zachos, Anthropogenic carbon release rate unprecedented during the past 66 million years, *Nature Geoscience*, 2016.

11 국제연합의 IPCC(기후 변화에 관한 정부 간 협의체) 제5차 평가보고서(2014)에 제시
된 가장 기온 상승이 높게 나타나는 시나리오로는, 산업혁명 전과 비교해서 지구 평균
기온이 4도 전후로 상승한다고 되어 있다. 현재의 온실가스 배출량은 기온 상승이 가
장 높은 이 시나리오와 일치하고 있다.

붙는다. '하이퍼 오브젝트'는 기분 나쁠 정도로 우리 가깝게 들러붙어 있다. 전모를 한눈에 다 볼 수 없을 정도로 거대하고 그럼에도 불구하고 신체에 점착해 들어오는 이러한 것들이 '인간중심주의'를 기능부전으로 몰아넣고 있다고 모턴은 역설한다.

점막에 바이러스가 침투해 들어오고 여름의 심한 더위에 피부가 화상을 입으면서, 비로소 우리는 인간human을 인간이 아닌 것nature으로부터 깨끗하게 분리하는 것이 불가능하다는 것을 알게 되었다.

데카르트는 인체 내에 수조 개에 이르는 박테리아가 살고 있다는 것을 몰랐다. 칸트는 태양에서 내려오는 굉장한 수의 뉴트리노가 온몸을 관통하고 있다는 것을 자각하지 못했다. 프레게는 자신의 게놈 일부가 고대의 바이러스에서 유래한 배열로 몸에 들어 있다는 사실을 상상할 방법이 없었다.

그런데 우리는 지금 자기 자신의 아침 발열이 지구 규모의 팬더믹의 국소적인 발현일지도 모른다고 느낀다. 오늘날의 더위가 생물의 대량 절멸을 일으키고 있는 기후 변동의 일부일지도 모른다고 생각한다. 이렇게 해서 언제나 자신이 무수한 다른 스케일의 사물이 착종하는 망messy 속에 들어가 있다고 실감하는 것. 이것을 모턴은 '생태학적인 자각'ecological awareness이라고 부른다. 우리는 지금까지 숙주인 사람의 세포에 서식하려고 하는 바이러스에 대해서는 "나가라!"고 요구하면서도 자신의 숙주인 지구 환경을 '발열'이 일어날 정도로 난폭하게 다루는 한편 자신의 동료를 향해서는 "집에 있자"Stay home고 호소해 왔다. 하나의 척도로는 '정의'로 보이는 것이 다른 척도로 보면 전혀 앞뒤가 맞지 않는다. '생태학적 자각'은 지금까지 자명시되어 온 인간 중심의 수미일관된 '세계'라는 관념을 무너뜨리고 언제나 다른 척도가 있을 수 있다는 사실을 우리에게 환기해 준다.

2013년에 간행된 저서 《하이퍼 오브젝트》HyperObject에서 모턴은 독특한 리듬을 실은 경쾌한 문체로 이러한 논의를 펼치면서 환경의 위기를 위기로써 부채질하는 것이 아니라 오히려 이것을 계기로 해서 새로운 인간의 사고와 감성의 가능성을 찾으려 하고 있다.

하이퍼 오브젝트의 존재는 우리의 상식과 감성을 흔들어 댄다. 무엇보다도 인간을 '겸허'하게 만든다. '이성'이라는 높은 곳에서 만물을 내려다보는 '자기상'이 해체될 때 인간은 지배와 통제의 주체가 아닌 타자와의 접촉에 감성적으로 응답하는 겸허한 주체로 다시 태어난다.

모턴은 이것을 휴밀리에이션Humiliation이라고 부른다. humiliation은 humility(겸허)와 같이 라틴어의 humus(대지), humilis(낮은)에서 유래하는 말로 '굴욕'과 '부끄러움'을 의미하는데, 모턴은 이 단어에 '대지로 낮게'라는 새로운 의미를 부여해서 '인간의 입장을 낮추어 가는 새로운 겸허함'이라는 전대미문의 의미를 포착하고 있다.

하이퍼 오브젝트와의 접촉은 인간을 자연계의 정점이라는 '높은' 곳에서 끌어내려서 인간이 아닌 다른 모든 것들과 똑같은 지평으로 '낮게' 내려서게 만든다. 시선을 대지로 내리는 바로 그 앞에 새로운 삶의 가능성이 열린다. 청결하고 순수한 세계라는 환상에 매달리지 않고 수상한 타자와도 파장을 맞추면서 새로운 현실로 감성을 익숙하게 한다.

이렇게 해서 모든 것을 한눈에 내려다보는 높은 곳에서의 시야라는 환상으로부터 해방될 때, 하나의 척도에 기초한 '옳음'과 '확실함'보다도 타자의 존재에 귀를 기울이고 여기에 생명으로서 응답해 가는 힘이야말로 우리에게 필요한 것이 된다.

생명의 자율성

이 책에서 살펴봐 온 대로 계산을 둘러싼 역사의 끈을 풀어 나갈 때 인식의 '확실함'을 집요하게 추구한 데카르트의 시대에서 하나의 큰 획기적 성과를 발견할 수 있다. 고대 그리스 기하학으로 체현되는 수학적 인식에 마음을 빼앗긴 데카르트는 수학적 사고의 본질을 '방법'으로 추출해서 이것을 다른 학문에도 적용하고 싶어 했다. 그의 애초 계획 중 모든 것이 실현된 것은 아니었지만, 철학적 동기에 추동된 데카르트의 수학 연구는 대수적인 계산을 통해서 기하학이라는 완전히 새로운 수학의 가능성을 열어젖혔다. 여기에 이르러서 계산은 이미 단순한 수의 조작이 아니라 확실한 추론을 지탱하는 방법으로서 새로운 생명이 깃들게 되었다.

19세기 리만의 시대에는 수식과 계산 대신에 개념에 추동된 수학이 꽃을 피웠다. 리만과 똑같이 괴팅겐대학에서 수학을 배운 프레게는 기초적인 개념으로 소급해 가는 당시의 수학 조류 속에서 수학의 가장 기본적인 개념인 '수'를 이해하는 것에 전 생애를 걸고 그 과정에서 현대의 논리학을 만들어 낸다. 프레게의 도전은 어디까지나 **규칙에 따르는 기호의 조작**을 철저히 함으로써 인간의 사고에 육박하려는 것이었다.

'계산하는 기계'에 지성을 깃들게 하는 가능성을 튜링이 찾아낼 수 있었던 것 또한 선인이 이렇게 착실하게 쌓아 올린 계산을 둘러싼 문맥이 있었기 때문이었다. 기호를 조작하기만 하는 기계도 따라야 할 규칙을 제공할 수 있으면 사고할 수 있지 않을까. 여기서부터 기계를 사용해서 인간의 지능을 모방하는 인공지능 탐구가 움직이기 시작한다.

　지금 계산기는 압도적인 속도로 막대한 데이터를 처리할 수 있게 되었고, 인공지능은 장기와 바둑 등 고도의 게임에서 인간을 이길 수 있을 정도까지 되었다. 계산에 의한 예측의 망은 사회 구석구석까지 드리워져서 이미 우리 일상의 일부가 되었다. 점토 덩어리를 하나씩 움직이는 것이 계산의 모든 것이었던 시대로부터 이렇게나 멀리까지 온 것이다.

　그럼에도 현대의 과학은 지금도 생명과 계산 사이에 있는 거대한 거리를 메우지 못하고 있다. 인공지능의 최첨단 기술도 현실적으로는 어디까지나 행위하는 동기를 외부에서 제공한 '자동적'automatic인 기계의 영역을 벗어나지 못하고 있다. 아직 인간은 행위하는 동기를 스스로 생성해낼 수 있는 '자율적'autonomous인 시스템을 구축하는 방법을 모른다.[12]

　생명의 본질이 '자율성'에 있다는 관점은 이것 자체로는 전혀 자명하지 않다. 화학물질의 배치에 제약을 받으면서 움직이는 박테리아와 빛을 향해서 반사적으로 날아가는 곤충 등을 보고 있으면 생명도 또한 외부 세계로부터의 입력에 지배받는 '타율계'라고 느낄지도 모르겠다. 실제로 여명기의 인지과학은 생물의 인지 시스템도 또한 계산기와 똑같이 타율적으로 작동한다고 가정하였다.

　이때 암묵 중에 상정되고 있었던 것이 '외부 세계로부터의 입력-(표상에 의한) 내적인 정보 처리-외부 세계로의 출력'이라는 모델이다.

12 　기계와 생명의 본질적인 차이를 '타율'과 '자율'의 차이로 보는 관점은 이후 보는 대로 생물학자 움베르토 마투라나와 그의 제자이자 생물학자·인지과학자인 프란시스코 바렐라의 연구에서 유래한다. 정보학 연구자인 도미닉 첸(Dominique Chen)은 저서 《미래를 만드는 말》에서 이것을 인공지능이 목표로 하는 '자동화'와 인공생명이 목표로 하는 '자율화'의 차이로 논하고 있다.

일견 당연하게 생각할지 모르겠지만, 인지 주체의 내부와 외부로 세계를 깨끗하게 나누는 발상은 실은 인지 주체를 인지 주체 외부로부터 관찰하는 특수한 시점을 전제로 두고 있다.

예를 들어 개구리가 파리를 인식하고 그것을 포식하는 장면을 상상해 보자. 이때 개구리를 바깥에서 관찰하는 시점에서 본다면 개구리의 외부에 개구리와는 독립된 '진짜 세계'가 있는 듯 보인다. 파리는 개구리와는 독립된 세계에 존재하고 있어서 개구리는 그 외부에 있는 파리를 내적으로 표상하고 있다. 그래서 그것을 잡을 수 있는 것이라고 보는 것이다.

그런데 이번에는 개구리의 시점에 서 보면 (인간이 상정한) **진짜 세계** 같은 것 따위는 어디에도 없다는 것을 알 수 있다. 개구리가 경험할 수 있는 것은 어디까지나 **개구리의 세계**일 수밖에 없다. 개구리의 시점에서 보면 입력도 출력도 없다.

인지 주체 바깥에서 인지 주체를 바라보는 관찰자의 시점에 설 때에는 '입력-정보 처리-출력'이라는 타율적 모델이 타당하게 보이겠지만, 어디까지나 인지 주체의 눈으로 보면 사태는 전혀 달라진다. 있는 그대로의 인지 현상을 포착하려고 한다면 먼저 인지 주체의 외부에 '진짜 세계'를 정하는 특권적인 관찰자의 입장을 버리지 않으면 안 된다. 움베르토 마투라나는 공동 연구자인 프란시스코 바렐라와의 공저 《자가생성과 인지》autopoiesis and cognition, 1980 서문에서 이 사실을 자각하고 생물학에 관한 자신의 연구 입장을 바꾸게 된 경위를 밝히고 있다.

마투라나는 원래 개구리와 비둘기 등을 대상으로 생물의 색 지각에 관한 연구를 하고 있었다. 이때 그는 물리적 자극과 이것에 응답하는 신경계의 활동 사이에 직접적 대응이 있다고 상정하였다. 즉 생물이 객관적인 색채 세계를 신경세포의 활동으로 '표상'하고 있다고 생각한 것이다. 그렇다고 한다면 해야 할 일은 외부 세계의 색에 대응하는 신경세포의 활동 패턴을 찾아내는 것일 테다.

그런데 연구는 머지않아 벽에 부딪혔다. 외부 세계로부터의 자극과 비둘기의 신경계의 활동 패턴 사이에 직접적인 대응을 찾을 수가 없다는 사실을 알게 되었기 때문이다. 똑같은 파장의 빛의 자극에 대해서 다른 신경 활동의 패턴이 관측되는 일이 종종 있었다. 비둘기의 신경 활동을 조사해 본 한에서 객관적인 색채 세계의 존재를 시사하는 것은 어디에도 없었다.

그래서 그는 발상을 대담하게 바꾸어 보기로 하였다. 비둘기의 망막과 신경계는 비둘기와 독립적으로 있는 외부 세계를 재현하려고 하는 것이 아니라 **비둘기에 의해서** 색 세계를 생성하는 시스템이 아닐까? 여기서부터 그는 연구의 접근 방식을 확 바꾼다. 생물의 신경계는 외부 세계를 내적으로 묘사 혹은 표상하고 있는 것이 아니라 외적인 자극을 계기로 하면서 어디까지나 자기 자신에게 반복적으로 계속 응답하고 있다. 생물 그 자체도 또한 외부 세계로부터 자극에 지배받는 타율계가 아니라 스스로의 활동 패턴에 규제받는 자율적인 시스템으로 이해하여야 하지 않을까. 이러한 착상을 기점으로 그는 그 후 새로운 생물학 영역을 열어젖힌다.[13]

---

[13]   이처럼 '자기'(auto)를 근거로 삼으면서 '스스로를 만드는'(poiesis) 시스템의 일반론으로 마투라나는 제자 바렐라와 함께 자가생성(autopoiesis) 이론을 구축하고 이 이론을 통해 생명을 이해하는 새로운 관점을 열었다. 자가생성 시스템(autopoiesis system)은 자율성 이외에도 개체성, 경계의 자기 결정, 입출력의 부재와 같은 특징을 가진다. '자율성'이라는 말 그 자체는 다양한 문맥에서 다른 의미로 사용되고 있는데, 가와시마 시게오(河島茂生)가 편저한 《AI 시대의 '자율성'》은 이러한 혼란을 정리하려는 시도이다. 이 책에서 자가생성의 귀결로서 생물에 갖추어져 있는 '자율성'은 'Radical autopoiesis'

그러면 생명 그 자체와 같은 자율성을 가진 시스템을 인공적으로 만드는 것은 가능할까. 이것은 앞 장에서 본 대로 인공생명을 추구하는 과학자가 바로 지금도 전력으로 몰두하고 있는 물음인데, 아직 아무도 그 대답을 모른다. 자율적인 생명과 자동적인 계산 사이에는 여전히 큰 틈이 존재한다.

이 간격을 성급하게 메우려고 할 때 역으로 **생명을 계산에 가깝게 하려는** 결과가 나올 수밖에 없다. 극단적인 이야기를 해 보면, 우리 자신이 외부에서 주어진 규칙을 준수하기만 하는 자동적인 기계가 되어 버리면 계산과 생명 사이의 틈은 메워진다. 스마트폰에 흘러들어 오는 정보에 반응하면서 천천히 숨 쉬고 나서 곧바로 척척 데이터를 컴퓨터에 계속 공급하는 우리는 계산을 생명에 가깝게 하려고 하기보다는 스스로를 기계에 가깝게 하려는 것처럼 보인다. 그런데 이래서는 확실히 본말전도일 따름이다.

휴버트 드레이퍼스는 반세기 전에 계산기가 인간에 가까이 가기보다 오히려 인간이 계산기에 가까이 가는 미래의 위험성을 역설하였다. 인간을 넘는 지능을 가진 기계의 출현이 아니라 인간의 지성이 기계와 같은 식으로밖에 작동하지 않게 됨을 두려워해야 한다고 말한 것이다.[14]

중요한 것은 계산과 생명을 대립시켜 그 간격을 메우려는 것이

라고 명명되어 있다. '인간의 개입 없이 자동적으로 계산·동작할 수 있는 정도'를 나타내는 개념으로 보다 약한 의미로 '자율성'이 사용되는 경우도 있지만, 이번 장에서 고찰하고 있는 것은 어디까지나 전자의 강한 의미에서의 '자율성'이다.

14   "우리의 위기는 아주 똑똑한 컴퓨터의 도래로 인한 것이 아니라 아주 똑똑한 인류의 출현에 의한 것이다." (Hubert L. Dreyfus, *What Computers Still Can't Do: A Critique of Artificial Reason*)

아니다. 지금까지도 그리고 앞으로도 점점 계산과 섞이면서 확장해 가는 인간 인식의 가능성을 어디를 향해서 어떻게 키워 나갈 것인지를 물어야 할 것이다.

응답하는 능력 responsibility

몬티 파이튼Monty Python의 〈철학자 축구〉The philosopher's Football Match 라는 코미디 콩트가 있다. 이것은 고대 그리스와 독일 철학자들이 축구로 대결하는 초현실적인 희극이다. 고대 그리스 팀에는 소크라테스, 플라톤, 아리스토텔레스와 아르키메데스 등 쟁쟁한 멤버가 있다. 독일 팀 또한 칸트, 헤겔, 하이데거, 마르크스 등 호화로운 포진이다.

처음에 심판인 공자가 시합 개시 호각을 분다. 그런데 철학자들은 아무도 볼을 차려고 하지 않는다. "과연 볼은 존재하는가", "애당초 축구란 무엇인가" 등 각각의 철학적 사색으로 바쁜 모양새다. 그대로 전반전이 아무 일도 일어나지 않은 채로 끝난다. 드디어 후반전이 끝날 무렵 아르키메데스가 "유레카(알았다!)"라고 외치고 결국 볼을 찬다. 거기서부터 그리스 팀이 맹렬하게 공격해서 아르키메데스가 사이드에서 크로스를 올리자 소크라테스가 헤딩으로 깨끗하게 골을 넣는다. 마르크스가 오프사이드라고 주장하지만 심판인 공자는 대꾸하지 않는다. 결국 시합은 그리스 팀의 승리로 끝난다.

현대의 인지과학자는 생물의 인지를 특징짓는 중요한 성질로 신체성Embodiment과 상황성Situatedness, 뇌의 안뿐만 아니라 환경의 정보를 살려서 판단과 행위를 생성하는 확장성Extendedness 등을 지적하고 있다. 스포츠 선수에게 필요한 것은 바로 이러한 생명다운 지성이다. 일단 시작 호각이 울리면 곧바로 시합을 진행하는 것. 선수에게 중요한 것은 시합을 묘사하는 것도 이해하는 것도 아니다. 계속 진행하는 시합의 흐름에 '참가'하는 것이다.

그런데 철학자들은 시합의 진행으로부터 분리된 채로 상황과 관계없는 사고에 심취해서 결론이 나올 때까지 움직이려고 하지 않는다. 눈앞에서 펼쳐지는 상황에 휩쓸리지 않는 것은 추상적인 사고를 펼치기 위해서는 필요할지 모르겠다. 게임의 전제 그 자체까지 돌아가서 가설을 다시 묻는 사고야말로 종종 새로운 세계를 개척해 왔다. 그런데 적어도 축구장에서는 상황을 고려하지 않는 지성은 웃음거리밖에 되지 않는다.

상황에 곧바로 대응해야 할 장면에서 사색에 심취하는, 그런 철학자들의 모습을 〈철학자 축구〉는 유머러스하게 그려 낸다. 그런데 우리가 이것을 단지 희극으로만 웃어넘길 수 있을까. 지구 온난화에 관해서, 생물다양성의 상실에 관해서, 우리가 직면하고 있는 다양한 위기에 관해서, 세계 곳곳의 과학자들이 지금도 막대한 데이터를 해석하고 미래를 시뮬레이션하고 있다. 인류를 총체로 보면, 지구 환경에 관해서 열심히 데이터를 수집하고 막대한 계산을 하고 있다고 말할 수 있을 것이다. 그런데 계산하고 데이터를 축적하는 모습이 마치 〈철학자 축구〉의 철학자들처럼 **결론이 나올 때까지 움직이려고 하지 않는 우리의 자화상은 아닐까?**

모턴은 《하이퍼 오브젝트》에서 지구 환경 위기에 직면하고서도 여기에 응답하지 못한 채로 있는 우리의 모습을 소녀가 도로에 튀어나오려 하는 데도 도우려 하지 않는 '무책임'한 인간에 비유하고 있다.

"어린 소녀가 트럭 앞으로 튀어나오려 하고 있다. 마침 모르는 사람이 거기를 지나간다. 그는 소녀를 도와야 할지 생각을 하는데, 정말로 그렇게 해야 할지 확신이 없다. 그래서 일련의 간단한 계산을 해 본다. 트럭이 감속한다고 해도 아이를 구할 수 없는 속도로 달리고 있지는 않은가. 만약 그렇다면 거기서 더 감속하면 구할 수 있는가. 트럭의 운동량이 감속하였다 해도 소녀와 격돌할 정도로 큰가…. 그는 결국 트럭이 소녀와 추돌할 것이라는 결론에 도달한다. (눈앞에서) 그의 생각대로 된다."[15]

아이가 위험한 도로로 튀어나오려고 할 때 과연 정말로 차에 치일 것인가 혹은 치일 확률이 어느 정도 될까 그것만 계산하고 있어서야 아이를 구할 수 없다. 충분한 이유를 찾을 때까지 움직이지 않는 것은 이 경우 그것 자체로 윤리를 배반하는 행위가 된다.

인간이 생명체라고 하면 눈앞에서 아이가 도로에 튀어나오려는 모습을 목격하면 **생각할 것도 없이** 손을 내밀 것이다. 생각하기 전에 패스하는 스포츠 선수처럼 자각하였을 때 바로 아이를 도우려고 할 것이다. 이것이야말로 문자 그대로의 responsibility이다. 'responsibility'는 '책임'이라고 번역되는데 문자 그대로는 '응답'respond하는 '능력'ability을 의미한다.

녹아내리고 있는 빙산과 사라져 가는 생물다양성, 붕괴해 가는 해양 생태계 등 환경 이변에 대해서 우리는 어린 소녀를 대하는 것과 똑같이 재빠르게 응답하지 않고 있다. 마치 도로에 튀어나오는 아이를 눈앞에 두고도 차에 치일 증거가 갖추어질 때까지 움직이려고 하지 않는 기계처럼 계산만 하고 움직이지 않는다.

이대로는 드라이퍼스가 위기감을 말한 바로 그 상황이 아닌가? 기

15   Timothy Morton, *Hyperobjects*, pp. 134-135. 필자 번역.

계가 인간에 가까이 가는 것이 아니라 인간이 마치 기계처럼 목전의 상황에 응답하는 힘을 발휘하지 않은 채 계산에만 심취하고 있다.

이 책에서는 정확하게 계산 결과를 도출하는 것뿐만 아니라 계산의 귀결을 의미로 번역하기 위해 수학자들이 많은 개념을 만들어 낸 역사를 살펴보았다. 그런데 이미 인간이 의미와 개념을 만들어 내는 속도로는 따라잡을 수 없을 정도로 계산이 계속 가속화되어 가고 있다. 컴퓨터가 다룰 수 있는 데이터양이 급격하게 증대하고 있는 지금, 애당초 계산에 의미를 느끼는 것 자체가 점점 어려워지고 있다.

오히려 의미의 이해는 방치한 채로라도 계산의 결과가 도움이 되는 것이 근년의 인공지능 기술의 놀랄 만한 점이다. 계산의 의미를 생각하고 이해하기 위해 개념적인 틀을 구축하지 않아도, 컴퓨터에 대량의 데이터를 투입해 버리면 마법과 같이 문제가 풀리는 경우도 드물지 않다.

예를 들어 인공지능을 연구하는 미국의 비영리단체 open AI가 2020년 6월에 공개한 'GPT-3'은 인간이 쓴 것과 거의 구별이 되지 않는 수준의 에세이와 시, 프로그램의 코드 등을 자동 생성하는 놀랄 만한 기술로, 공개되자마자 최신 인공지능의 초속의 진보로 세상에 강한 인상을 주었다.

GPT-3은 웹과 전자책으로부터 수집한 1조 개에 가까운 단어의 통계적 패턴을 학습해서 문장을 작성한다. 인간처럼 '말'을 이해하면서 작문을 하는 것이 아니다. 중요한 것은 의미보다 데이터이고 이해보다도 결과다. 이러한 기술이 눈부시게 진보해 나가는 과정에서 의미와 구조를 묻지 않고도 계산 결과만이 도움이 된다고 하니 그것으로 됐다고 하는 풍조도 확대되고 있다.

그런데 의미와 이해를 동반하지 않은 채 계산이 현실에 개입할 때 우리는 부지불식간에 타율화되어 간다. 게다가 타율화된 인간을 지배하는 것은 어디까지나 또 다른 인간이다. 컴퓨터에는 의지도 의도도 없다. 막대한 데이터를 처리하는 기계의 작동에 휘둘릴 때, 우리는 '인간을 넘어선' 기계에 지배되는 것이 아니라 인간이 과거에 설정한 '숨겨진 가설'에 지배되고 만다.

캐시 헬렌 오닐Cathy Helen O'Neil은 저서 《대량살상 수학무기》Weapon of Math Destruction, 2016에서[16] 중립적이고 투명한 계산이라는 위장 아래 종종 얼마나 폭력적인 선입관과 편견이 알고리즘에 침투해 있는지를 다양한 사례와 함께 소개하고 있다. 어떤 인물이 리스크가 높은 차주인지 아닌지 테러리스트인지 아닌지 혹은 교사로서 적합한지 아닌지의 '가능성'이 대량의 통계 처리와 함께 인간이 설계한 알고리즘 아래서 계산된다. 이러한 계산 결과가 한 사람의 인생을 뒤집어 버리는 예도 있다.

그런데 신탁처럼 내리는 알고리즘에 잠복하고 있는 보이지 않는 편견과 가설을 의미로서 끄집어내는 일은 점점 어려워지고 있다. 계산이 깊게 침투하고 자동화가 진행되어 가는 현대 사회가 안고 있는 문제는 '과거가 미래를 먹고 있는 것'이라고, 모턴은 2020년 개최된 온라인 강연 〈Geotrauma〉에서 말했다.[17]

계산을 묶는 규칙은 계산에 앞서서 결정되어 있다. 이것은 인간 대신 컴퓨터가 계산하는 경우에도 똑같다. 학습에 기초해서 프로그램을 갱신할 수 있는 인공지능이라 해도 프로그램의 갱신 방식 그 자체

---

16   일본어 번역본은 《당신을 지배하고 사회를 파괴하는 AI 빅데이터의 굴레》, 구보 나오코(久保尚子) 옮김, 인터시프트 (2018). (한국어판, 김정혜 옮김, 《대량살상 수학무기-어떻게 빅데이터는 불평등을 확산하고 민주주의를 위협하는가》, 흐름출판, 2017.)

17   강연은 2020년 11월 21일, 도쿄예술대학 국제예술창조연구과 주최로 개최되었다.

는 엄밀하게 미리 설계자에 의해서 규정되어 있다. 그래서 과거에 정해진 규칙만을 준수하는 기계에 무자각적으로 몸을 맡기는 것은 미래를 과거에 먹히게 하는 것이 된다.

그런데 오히려 이 책에서는 계산이 미래를 열어 온 역사를 살펴보았다.

계산의 결과를 받아들이고 의미를 계속 다시 묻는 행위가 미지의 세계를 열어 왔다. 규칙에 따라서 기호를 조작하는 것, 그 의미를 알려고 하는 것 사이의 긴장 관계가 계산에 생명을 계속 불어넣어 왔다.

계산이 계속 가속화되어 가는 이 시대에 과거에 의한 미래의 침식에 저항하기 위해서는 '아는 것'과 '조작하는 것' 사이의 긴장 관계를 계속 유지하지 않으면 안 된다. 긴장 관계를 성급하게 손에서 놓고 계산의 귀결에 생명으로서 응답하는 자율성을 잃어버리고 만다면, 단지 과거가 미래를 먹는 것뿐인 활동을 초래하고 만다.

사람은 오로지 계산의 결과를 만들어 내기만 하는 기계가 아니다. 그렇다고 해서 주어진 의미에 안주하기만 하는 생명체도 아니다. 계산하고 계산의 귀결에 유연하게 응답하면서 현실을 계속 새롭게 디자인하는 **계산하는 생명**이다.

손가락과 점토의 조작만으로 이루어졌던 계산이 새로운 의미를 만들어 내고 성장해 온 역사를 더듬어 본 이 책을 통해 내가 수면 위로 퍼 올린 것은 이러한 우리 자신의 자화상이다. 격동하는 불확실한 지구 환경 속 다른 생물종들과 함께 이 지상에서 살아남기 위해서는 계산을 통해서밖에 접촉할 수 없는 타자에게 응답하는 힘을 발휘해야만 한다. 그러기 위해서는 계산에 의한 인식의 대담한 확장과 함께 자율적인 사고와 행위에 의한 의미의 생성을 앞으로도 계속해 나가

야만 할 것이다.

계산과 생명의 잡종으로서 우리가 해야 할 일이 이제 시험 무대
에 올랐다.

참고문헌

Amir Alexander, *Infinitesimal : How a Dangerous Mathematical Theory Shaped the Modern World*, Scientific American, 2014.
(邦訳版《無限小 世界を変えた数学の危険思想》, 足立恒雄 訳, 岩波書店(2015))

Denise Schmandt-Besserat, *How Writing Came About*,
University of Texas Press, 1997.

Henk J. M. Bos, *Redefining Geometrical Exactness Descartes' Transformation of the Early Modern Concept of Construction*, Springer-Verlag, 2001.

Umberto Bottazzini, *The Higher Calculus: A History of Real and Complex Analysis from Euler to Weierstrass*, Springer-Verlag, 1986.

Rodney Brooks, *Flesh and Machines: How Robots Will Change Us*,
Vintage Books, 2003.

Girolamo Cardano, *ARS MAGNA or The Rules of Algebra*,
Translated by T. Richard Witmer, Dover Publications, 1968.

Stephen Chrisomalis, *Numerical Notation: A Comparative History*,
Cambridge University Press, 2010.

Andy Clark, *Mindware: An Introduction to the Philosophy of Cognitive Science*,
Oxford University Press, 2001.

Stanislas Dehaene, *How We Learn: Why Brains Learn Better Than Any Machine for Now*, Viking, 2020. (邦訳版《脳はこうして学ぶ 学習の神経科学と教育の未来》 松浦俊輔 訳, 森北出版(2021))

Keith Devlin, *The Man of Numbers : Fibonacci's Arithmetic Revolution*,
Bloomsbury, 2011.

Hubert L. Dreyfus, *What Computers Still Can't Do: A Critique of Artificial Reason*,
The MIT Press, 1972.

José Ferreirós, *Labyrinth of Thought: A History of Set Theory and Its Role in
Modern Mathematics*, Second Revised Edition Birkhäuser, 2007.

Howard Gardner, *The Mind's New Science: A History of the Cognitive Revolution*,
Basic Books, 1985.

P. T. Geach, *Logic Matters*, University of California Press, 1972.

Madeline Gins and Arakawa, Architectural Body,
The University of Alabama Press, 2002.

Ian Hacking, *Why Is There Philosophy of Mathe matics At All?*,
Cambridge University Press, 2014. (邦訳版《数学はなぜ哲学の問題になるのか》,
金子洋之・大西琢朗 訳, 森北出版(2017))

Detlef Laugwitz, *Bernhard Riemann 1826-1866: Turning Points
in the Conception of Mathematics*, Translated by Abe Shenitzer, Birkhäuser, 1999.

Danielle Macbeth, *Realizing Reason: A Narrative of Truth & Knowing*,
Oxford University Press, 2014.

Gary Marcus and Ernest Davis, *Rebooting AI: Building Artificial Intelligence
We Can Trust*, Pantheon, 2019.

Humberto R. Maturana and Francisco J. Varela, *Autopoiesis and Cognition: The Realization of the Living*, D. Reidel, 1980.

Timothy Morton, *Hyperobjects: Philosophy and Ecology after the End of the World*, University of Minnesota Press, 2013.

Reviel Netz, *The Shaping of Deduction in Greek Mathematics: A Study in Cognitive History*, Cambridge University Press, 1999.

Catarina Dutilh Novaes, *Formal Languages in Logic: A Philosophical and Cognitive Analysis*, Cambridge University Press, 2012.

Cathy O'Neil, *Weapons of Math Destruction: How Big Data Increases Inequality and Threatens Democracy*, Penguin Books, 2016.
(邦訳版《あなたを支配し, 社会を破壊する. AI・ビッグデータの罠》,
久保尚子 訳, インターシフト(2018))

L. E. Sigler, *Fibonacci's Liber Abaci: Leonardo Pisano's Book of Calculation*, Springer, 2002.

Evan Thompson, *Mind in Life: Biology, Phenomenology, and the Sciences of Mind*, Harvard University Press, 2007.

Hermann Weyl, *Mind and Nature: Selected Writings on Philosophy*, Princeton University Press, 2009.

G·E·M· アンスコム, P·T· ギーチ《哲学の三人 アリストテレス・トマス・フレーゲ》,
勁草書房(1992)

荒畑靖宏, 《世界を満たす論理 フレーゲの形而上学と方法》, 勁草書房(2019)

アルキメデス,《アルキメデス方法》, 佐藤徹訳・解説, 東海大学出版会(1990)

飯田隆,《ウィトゲンシュタイン 言語の限界》, 講談社(2005) \
《言語哲学大全I 論理と言語》, 勁草書房(1987)

伊藤邦武,《物語 哲学の歴史 自分と世界を考えるために》, 中公新書(2012)

L・ウィトゲンシュタイン,《ウィトゲンシュタイン全集・補巻1 心理学の哲学1》,
大修館書店(1985) \《哲学探究》, 鬼界彰夫 訳, 講談社(2020) \《論理哲学論考》,
野矢茂樹 訳, 岩波文庫(2003)

岡本久, 長岡亮介,《関数とは何か 近代数学史からのアプローチ》, 近代科学社(2014)

加藤文元,《リーマンの生きる数学4 リーマンの数学と思想》, 共立出版(2017)

金子洋之,《ダメットにたどりつくまで 反実在論とは何か》, 勁草書房(2006)

河島茂生 編著,《AI時代の'自律性' 未来の礎となる概念を再構築する》,
勁草書房(2019)

河宮未知生,《シミュレート・ジ・アース 未来を予測する地球科学》, ベレ出版(2018)

I・カント,《純粋理性批判 上下》, 石川文康 訳, 筑摩書房(2014)

F・クライン,《クライン 19世紀の数学》, 彌永昌吉 監修, 足立恒雄・浪川幸彦 監訳,
石井省吾・渡辺弘 訳, 共立出版(1995)

小林登志子,《シュメル 人類最古の文明》, 中公新書(2005)

近藤洋逸,《新幾何学思想史》, ちくま学芸文庫(2008)

佐々木力,《デカルトの数学思想》, 東京大学出版会(2003)

高木貞治,《近世数学史談》, 岩波文庫(1995)

R·デカルト,《方法序説》, 山田弘明 訳, ちくま学芸文庫(2010) \《幾何学》, 原亨吉 訳, ちくま学芸文庫(2013) \《精神指導の規則》, 野田又夫 訳, 岩波文庫(1950)

S·トゥールミン, A·ジャニク,《ウィトゲンシュタインのウィーン》, 藤村龍雄 訳, 平凡社ライブラリー(2001)

H·L·ドレイファス,《コンピュータには何ができないか 哲学的人工知能批判》, 黒崎政男·村若修 訳, 産業図書(1992)

R·ネッツ, ウィリアム·ノエル,《解読! アルキメデス写本 羊皮紙から甦った天才数学者》, 吉田晋治 監訳, 光文社(2008)

野本和幸,《フレーゲ入門 生涯と哲学の形成》, 勁草書房(2003)

林栄治·斎藤憲,《天秤の魔術師 アルキメデスの数学》, 共立出版(2009)

J·ヒース,《ルールに従う 社会科学の規範理論序説》, 瀧澤弘和 訳, NTT 出版(2013)

古田徹也,《ウィトゲンシュタイン 論理哲学論考》, 角川選書(2019)

古田裕清,《西洋哲学の基本概念と和語の世界 法律と科学の背後にある人間観と 自然観》, 中央経済社(2020)

G·フレーゲ,《フレーゲ著作集1 概念記法》, 藤村龍雄 編, 勁草書房(1999) \ 《フレーゲ著作集2 算術の基礎》, 野本和幸·土屋俊 編, 勁草書房(2001) \ 《フレーゲ著作集3 算術の基本法則》, 野本和幸 編, 勁草書房(2000) \

《フレーゲ著作集4 哲学論集》, 黒田亘·野本和幸 編, 勁草書房(1999) \

《フレーゲ著作集5 数学論集》, 野本和幸·飯田隆 編, 勁草書房(2001) \

《フレーゲ著作集6 書簡集·付 '日記'》, 野本和幸 編, 勁草書房(2002)

P·ペジック,《近代科学の形成と音楽》, 竹田円 訳, NTT出版(2016)

水本正晴,《ウィトゲンシュタインvs.チューリング 計算, AI, ロボットの哲学》,

勁草書房(2012)

J·メイザー,《数学記号の誕生》, 松浦俊輔 訳, 河出書房新社(2014)

B·リーマン,《数学史叢書 リーマン論文集》, 足立恒雄·杉浦光夫·長岡亮介 編訳,

朝倉書店(2004)

저자 후기

이 책에 앞서 2015년 간행한 《수학하는 신체》에서 나는 수학을 통해 인간의 '마음'에 다가서려고 했던 두 명의 수학자, 앨런 튜링과 오카 기요시를 묘파하였다. 튜링이 마음을 만듦으로써 마음을 이해하려고 하였다고 하면 오카는 마음이 됨으로써 마음을 알려고 하였다. 나는 이렇게 두 사람의 마음에 다가가는 방식을 대비하면서 수학을 통해 마음을 탐구해 가는 다양한 가능성을 떠올려 보려고 하였다.

이 책은 《수학하는 신체》를 간행한 다음 해인 2016년에 착수해서 2017년부터 2018년까지 잡지 《신조》新潮에 게재한 에세이 연재를 바탕으로 한다. '마음과 신체와 수학'이라는 키워드를 중심으로 전개한 전작에서의 사고의 흐름이 향할 곳은 마음을 구축하는 '언어'와 신체를 움직이는 '생명' 그리고 수학의 발전을 구동해 온 '계산'이라는 행위임을 직감하였다.

애써 전작과 대비한다고 하면 '언어와 생명과 계산'이 이 책의 주제라고 하겠다.

그런데 이런 내 생각은 지금 생각해 보면 무모하다고 말해도 좋을 정도로 너무나도 큰 목표 설정이었다. 최근 5년, 이러한 큰 과제를 해결해야 한다는 중압감으로 심신이 찌부러질 듯한 경험을 한 적이 한두 번이 아니었다.

먼저 '마음에서 언어로'와 같은 흐름을 개척한 선구자로서, 프레게의 연구를 읽는 것부터 시작하였다. 그런데 이를 위해서는 19세기 독일에서 꽃핀 '개념'의 수학, 그리고 거기에 앞서는 칸트의 수학 사상 등 하나씩 꼼꼼하게 새롭게 파악해 나갈 필요가 있었다. 눈이 핑핑 돌 정도로 변화를 거듭하는 현대가 고속으로 바로 저 앞에서 진행되고 있는 것을 애써 무시하고, 나는 오로지 과거에 계속 잠수하는 나날을 보냈다.

물론 탐구가 과거로 거슬러 올라가는 일에 머문 것은 아니었다. 프레게가 열어젖힌 언어와 규칙에 관한 원리적인 고찰은 이윽고 생명의 세계로 분출해 가는 사고의 흐름에 풍부한 원천이 되었다.

이 책에서는 비트겐슈타인과 브룩스 등의 탐구에 주목하면서 언어에서 생명으로 넘쳐흐르는 사고의 수맥을 좇았다. 무수한 선인들의 탐구가 착종하는 풍양한 학문과 사색의 그물망의 극히 일부에만 빛을 비출 수밖에 없었던 것은 오로지 필자의 힘 부족에 기인한다.

그럼에도 모두 뛰기로 언어에서 생명으로 비약하지 않고 마음에서 언어로 그리고 언어를 철저히 파고든 끝에 생명으로 약동해 가는 사고의 흐름을 추체험하는 기쁨을 맛볼 수 있었다. 그 기쁨을 조금이라도 독자들과 나눌 수 있으면 더할 나위 없겠다.

이 책은 전작과 같이 연재 이외에도 전국 각지에서 개최한 '수학 연주회'와 '성인을 위한 수학 강좌', '수학 북토크' 등 라이브 장에서 조금씩 쌓아 온 사고를 정리한 것이다. 특히 성인을 위한 수학 교실 '와카라'의 주최로 2016년부터 2020년까지 총 4기에 걸쳐서 도쿄에서 개최한 '수학하는 신체' 실천 편은 유클리드의 《원론》과 데카르트의 《기하학》, 프레게의 《산술의 기초》 등 이 책에도 등장하는 수학사의 고전을 '계산의 역사'라는 문맥 속으로 새롭게 가져와 독해하는 시도로, 이 책의 핵이 되는 사고의 많은 부분이 이 세미나에서 탄생하였다.

배우는 것의 최대 기쁨은 '아는' 경험을 서로 나누는 것이라서, 라이브와 세미나에 참가해 주신 분들의 표정과 열의를 온몸으로 느끼는 것이 언제나 배움의 원동력이었다. 코로나19 확대 이후 이러한 기회가 줄어들어 버렸지만, 이 책 집필의 끝까지 라이브의 장에서 함께해 주신 분들의 표정을 매일 떠올리면서 원고와 마주해 왔다.

전국에서의 라이브 활동을 중심으로 한 나날이 갑자기 정지해 버렸을 때 잠시 어찌할 바를 모르게 되었다. 그런데 그때까지 순조롭게 작동하고 있던 사고와 행위의 흐름이 막혔을 때야말로 무자각으로 의존하고 있던 나의 기반의 '가설성'이 부각되고 새로운 가설의 구축이 시작될 때이다.

나는 지금 아이들과 함께 배움과 교육과 놀이가 혼연일체된 새로운 연구와 학습의 장을 만들려고 하고 있다. '로쿠야안'鹿谷庵이라고 이름 붙인 교토의 히가시야마 기슭의 작은 연구실에서 일단은 실험적인 시도를 시작하고 있다.

계산에서 생명으로 이끌어진 이 책에서의 탐구 다음은 생생한 생명이 모이는 새로운 배움의 장의 창조를 한 걸음씩 착실히 추구하는 것이다. 생명을 만듦으로써 생명을 이해하는 것이 아니라 생명이 되어 봄으로써 생명을 아는 길이 있다고 한다면, 그것이 어떠한 것인가를 스스로의 실천을 통해서 탐색해 나가는 것이 다음의 큰 과제다.

책을 만드는 일은 그 자체로 '가속'에 저항하는 행위다. 하나의 '말'이 종이에 인쇄되어 독자의 품에 닿기까지 편집자와 북디자이너, 교정자와 인쇄, 제본, 중개와 영업 그리고 서점원 등등 많은 사람이 관련되어 있다. 무엇이든지 가속해 가는 이 시대에 이만큼 많은 사람의 힘을 빌리고 시간을 들여서 누군가에게 가닿게 하는 일이 있을까. 그 고마움을 새삼 곱씹고 있다.

특히 이 5년 동안 때로는 극도로 감속하는 나의 사고에 인내심 강하게 호흡을 같이해 준 신조사의 아다치 마호 씨 그리고 연재를 할 때 언제나 힘이 되는 코멘트로 집필을 계속 격려해 주신 《신조》 편집장 야노 씨 정말로 고맙습니다.

　마지막으로 이미 인간이 처리 불가능할 정도의 막대한 데이터가 매일 계속 생산되는 이 시대에 한 권의 책을 손에 들고 멈춰 서서 페이지를 넘겨 주실 모든 독자 여러분에게 진심으로 감사의 말씀 전합니다. 책을 버팀목으로 살아온 한 사람으로서 이 책도 또한 독자에게 조금이라도 새로운 기쁨을 가져다주기를 바라고 있습니다.

　2021년 2월
　모리타 마사오

옮긴이의 말

우리가 듣고 싶은 것은
'재단사 언어'가 아니라 '꼬마 언어'다

안데르센의 《벌거숭이 왕》 이야기부터 시작해 보자. 왕은 재단사가 만들어 준 '옷'을 입음으로써 상상할 수 없는 하나의 세계로 들어선다. 그가 과감히 궁 밖으로 나선 것은 '옷'을 자랑하고 싶어서가 아니라 그 '옷'이 열어 주는 세계의 백성들에게 자신이 왕임을 증명하고 싶어서였다. 왕은 재단사가 만들어 낸 세계 안에 붙들려 있었고 저잣거리 백성들은 칼이 만들어 낸 세계 안에 묶여 있었다. 그래서 백성들은 벌거벗은 왕 앞에서도 숨을 죽였다.

그때 한 꼬마가 외쳤다.

아니, 왕이 벌거벗었잖아!

그러나 왕은 '옷을 입고 있었다.' 그가 '옷'을 입지 않았더라면, 결코 궁 밖으로 나가지 않았을 것이다. 왕이 어리석긴 했지만 미치기까지 한 것은 아니었기 때문이다. 그래서 그가 입은 옷은 '존재하는 것'이다.

재단사와 왕의 언어, 그들의 대화는 이 '실재성' 위에서 전개된다.

이때 무례하고 철없는 꼬마의 언어가 이 '실재'를 공격한 것이다. 꼬마가 그토록 무모할 수 있었던 것은 아직 어느 세계 혹은 일상의 백성이 아니었기 때문이다. 아첨하기에는 너무 철이 없고, 두려워하기에는 너무 어리다.

어쨌든 그때 하나의 일상(세계)이 깨어졌다. 재단사가 만들어 냈으며 왕이 그 안으로 행차하던 '세계'가 깨어졌다. 그러나 재단사는 여전히 말한다. '천상의 옷을 걸친 왕이시여, 얼마나 아름다우신지.' 그러나 꼬마의 외침으로 눈을 뜬 왕은 이미 깨어져 버린 '세계' 밖으로 빠져나와 있었다. 왕은 수치스러운 몸을 가리며 황망히 가마 머리를 궁으로 돌렸다.

허영이나 야욕이 넘실대는 곳이라면, 인용부호 안의 '실재'(명사)를 만들어 내는 재단사들이 어디에나 있는 법이다. 내친김에 셰익스피어도 인용해 보기로 하자.

내 눈앞에 보이는 저것이 단검인가.

칼자루가 내 손 쪽으로 향해 있는 것이.

자, 잡자.

잡히지 않는다. 그러나 눈에는 아직도 보이고 있다.

불길한 환영아, 너는 눈에는 보여도

손으로는 잡을 수 없는 것이냐.

_셰익스피어 《맥베스》 중에서.

스스로 왕이 되기 위해 던컨 왕을 살해하러 가는 맥베스의 독백이다. 여기서 피 묻은 '단검'은 또 다른 '재단사'인 마녀들에 의해 만들어진 '실재'(명사)다. 그 마녀들이 '장차 왕이 되실 맥베스 만세'를 외쳤을 때, 맥베스는 그 외침이 만들어 내는 '인용부호의 세계' 안에 속수무책으로 갇혀 버린다. 이제 그 운명은 깨어져 버린 술잔이다. 왕이 되지 않으면 안 되는 것이다. 하지만 끝내 그 '실재'(명사)로부터 빠져나오지 못했던 점에서 맥베스는 벌거숭이 왕과는 달랐다.

허영과 욕망이 이처럼 인간을 휘몰 수 있는 것은 그것들이 이처럼 '실재'(명사)를 창조해내기 때문이다. 즉 그 '실재'가 우리를 궁 밖으로 나가게 하고 칼을 쥐게 하는 것이다. 이 점에서 그것은 단순한 환영과는 구분된다. 문자 그대로 또 하나의 '현실'이다.

결국 두 종류의 언어가 있다. 인용부호 안의 '실재'(예컨대 '문제 풀기'로서의 수학/'알고리즘'으로서의 수학/우리의 삶과 아무런 관계가 없는 수학)를 만들어 내는 '재단사 언어'와 그것을 깨뜨리는 '꼬마 언어'(모리타 마사오 선생이 구사하는 언어—굳이 문제 풀기가 아니어도 좋았을 수학/잘 살기 위한 방법으로서의 수학/새로운 개념 창조의 원천으로서의 수학).

'재단사 언어'는 모리타 선생이 잘 예증해 주었듯이 이른바 최첨단 연구자들이 각자의 영역에 갇혀서 톱니바퀴를 돌리면서 생산해낸 '언어'다. 한편 '꼬마 언어'는 그들 최첨단 연구자들 덕분에 철저히 공동화된 '자명성의 영역'에 관심을 기울이는 우리 같은 독립연구자들이 만들어 낸 '언어'다.

소크라테스 역시 저 유명한 《변명》을 시작하면서 먼저 두 종류의 말을 구분한다. 화려하게 꾸며 대는 법률가의 언어와 장터 거리에서 회자되는 환전상의 언어가 그것이다. 물론 전자는 소피스트들이 사용하는 '재단사 언어'를, 후자는 소크라테스 자신이 대화에서 즐겨 쓰는 '꼬마 언어'를 말한다.

"시민 여러분, 여러분이 내게서 들을 말은 그들의 말처럼 선택된 말이나 일부러 꾸며 화려하게 늘어놓는 말이 아니고 입에 떠오르는 대로 꾸밈없이 하는 말입니다. 그것은 내가 말하려는 것이 옳다고 믿기 때문입니다. 그런 만큼 여러분 중 누구도 다른 종류의 말을 기대하지 말기를 바랍니다. … 칠십이 된 내가 법정에 나서기는 이번이 처음입니다. 그러니 여기서 쓰는 말은 내게는 아주 생소한 말입니다. 이제 가령 내가 이 방 지역에서 온 사람이라고 한다면, 거기서 내가 써 오던 말을 그대로 쓰고 말버릇으로 이야기한다 하더라도 여러분은 사정을 헤아려서 물론 나를 용서하겠지요."

소크라테스의 삶은 《변명》에서 밝혀지고 있듯이 환전상의 언어, 꼬마 언어로 법률가의 언어, 재단사의 언어를 공격했던 투쟁사 이외의 다른 것이 아니다. 인용에서 보이는 이 공손한 어투에도 불구하고 소크라테스의 꼬마 언어는 사정없이 벌거벗은 왕들을 공격한다. 시민들이 존경하는 고명한 정치가, 우러러 받드는 탁월한 비극 시인, 입 모아 칭송하는 조각가들이 알고 보니 모두 벌거벗은 인간들이었고 스스로 벌거벗었다는 사실조차 모르는 불쌍한 바보들이었다는 것을 폭로하는 것이다. '너 자신을 알라.' 이 말은 그들과의 싸움에서 소크라테스가 즐겨 사용했던 무기로서의 꼬마 언어였다. 모리타 마사오 선생이 잘 사용하는 '꼬마 언어'들은 "수학의 본질은 알고리즘이 아니라 새로운 개념을 창조하는 원천인 수학적 사고다", "수학의 힘을 빌려서 사람은 언제까지라도 어린아이로 있을 수 있다", "수학은 의미를 모르게 되고 나서부터가 실로 재미있다", "계산과 생명은 둘 다 인간을 인간으로 자리매김해 준다" 등등이다.

물론 2022년에 이런 말을 쓰는 것에 대한 저항이 집요한 것처럼 소크라테스 시대에도 저항은 집요했다. 법정에 소환된 소크라테스가 이 투쟁의 한 전황을 보여준다. 배심원들을 향한 소크라테스의 첫마디는 '나의 언어로 말하겠다'는 것이었다.

이것으로써 소크라테스는 변명의 목적이 기소 내용의 무죄를 입증하는 데 있지 않음을 분명히 한다. 물론 아니토스와 멜레토스 등 소피스트들이 제시하는 자신의 죄목에 대해 소크라테스는 그것이 사실과 다름을 강변한다. 그러나 그것을 변론의 주제로 삼는 것은 소크라테스의 의도가 아니었다. 그것은 단순한 전략의 일환이었을 뿐이다. '아테네 시민들이여'로 시작되는 대부분의 개구 일성들이 그 증거다.

그렇다면 변명의 목적이 무엇이었던가. 그것은 이기는 것이다. 그에게 이긴다는 것은 무엇을 의미하는가. 논리적으로 설득하거나 무죄를 입증함으로써 상대방의 승복을 받아 내는 것이 결코 아니다. 그런 의도였다고 하면 당시 독배를 마시고 죽을 이유가 하등 없었을 것이다.

그것이 아니라 '재단사 언어'가 만들어 낸 그 허망한 '실재'(명사)를 깨는 것, 세상을 인용부호로부터 해방시키는 것이 목적이었다. 소크라테스는 이것이 자신을 아테네로 보낸 신의 뜻이라고 믿었다. 이런 그에게 법정에서의 변명은 신탁의 사명을 완수하기 위한 놓칠 수 없는 기회였다.

얼핏 생각하면 변명은 실패했고 싸움은 패배한 것처럼 보인다.

배심원 500명의 투표 결과 소크라테스가 그의 기소자들을 이기기에는 30표가 모자랐기 때문이다. 심슨을 무죄로 평결한 미국식 사법제도의 논리대로라면 그는 유죄요, 그의 싸움은 패배한 것이다. 그런데 정말 그런가?

하지만 역사는 아테네 법정에서 행한 그의 변명을 유례없는 대성공으로 평가한다. 소크라테스가 독배를 마신 이후, 아테네 시민 누구라도 이제는 제정신으로 '재단사 언어'가 만들어 내는 '실재'(명사) 안에서 벌거벗은 왕처럼 잠들 수 없게 되었기 때문이다. 즉 그는 싸움에서 이긴 것이다.

요컨대 소크라테스야말로 서양 문명사가 가졌던 가장 집요한 '꼬마 언어'의 주인공이었다.

　나는 모리타 마사오 선생의 저 빛나는 언어에서 이 '꼬마 언어'의 전형을 본다.

　모리타 마사오 선생의 아름다운 저서들, 이 책 《계산하는 생명》을 비롯하여 《수학하는 신체》(에듀니티), 《수학의 선물》(원더박스) 그리고 '수학 연주회'를 읽고 들은 한국 시민 누구라도 이제는 제정신으로 '재단사 언어'가 만들어 내는 '실재'(한국이라는 사회에서 수학이라는 이름으로 디자인된 현실) 안에서 맘 편히(?) 잠을 청할 수 없게 될 것이다.

　　2022년 4월 30일
　　박동섭